AF384640

8° R
16257

R. PIALAT

FORMULAIRE

(MATHÉMATIQUES — PHYSIQUE — CHIMIE ATOMIQUE)

A L'USAGE

DES ASPIRANTS AUX BACCALAURÉATS

D'ORDRE SCIENTIFIQUE

DES CANDIDATS AUX ÉCOLES DU GOUVERNEMENT

ET DES ÉLÈVES DES ÉCOLES NORMALES

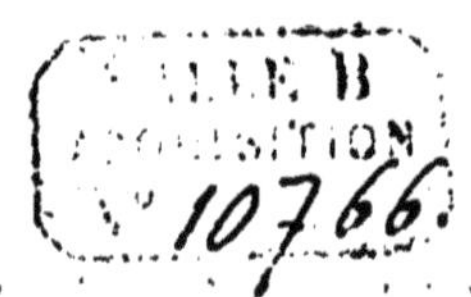

NEUVIÈME ÉDITION

PARIS

LIBRAIRIE NONY & Cⁱᵉ

63, BOULEVARD SAINT-GERMAIN, 63

8° R. 1625

TABLE DES MATIÈRES

MATHÉMATIQUES

PHYSIQUE

CHIMIE minérale

CHIMIE organique

ANNEXES

Le présent FORMULAIRE se vend 1 fr. — Cartonné toile souple. 1 fr. 50.

FORMULAIRE

à l'usage

DES ASPIRANTS AUX BACCALAURÉATS D'ORDRE SCIENTIFIQUE, DES CANDIDATS AUX ÉCOLES
DU GOUVERNEMENT ET DES ÉLÈVES DES ÉCOLES NORMALES

ARITHMÉTIQUE

Caractères de divisibilité par 2, 5; 4, 25; 8, 125; 9, 3.

Un nombre est divisible par :

2, 5 — Quand le chiffre des unités est divisible par 2 ou par 5. Dans le premier cas, ce chiffre est pair; dans le second cas, il est 0 ou 5.

4, 25 — Quand le nombre formé par les deux derniers chiffres est divisible par 4 ou par 25. (Avec le diviseur 4, le nombre considéré peut être remplacé par le chiffre des unités augmenté du double du chiffre des dizaines.)

$Ex.$: 336 est divisible par 4, parce que $6 + 2 \times 3 =$ mult. 4;
350 — 25, — $50 =$ mult. 25.

8, 125 — Quand le nombre formé par les trois derniers chiffres est divisible par 8 ou par 125. (Avec le diviseur 8, le nombre peut être remplacé par le chiffre des unités augmenté du double du chiffre des dizaines et du quadruple du chiffre des centaines.)

$Ex.$: 376 est divisible par 8, parce que
$$6 + 2 \times 7 + 4 \times 3 = 32 = \text{mult. } 8;$$
8375 est divisible par 125, parce que
$$375 = \text{mult. } 125.$$

9, 3 — Quand la somme de ses chiffres est divisible par 9 ou par 3.

$Ex.$: 738 est divisible par 9, parce que
$$7 + 3 + 8 = 18 = \text{mult. } 9;$$
438 est divisible par 3, parce que
$$4 + 3 + 8 = 15 = \text{mult. } 3.$$

Remarque. — Lorsque, dans l'application d'un des caractères ci-dessus, la division laisse un reste, ce reste est le même que celui provenant de la division du nombre considéré par le diviseur essayé.

Preuve par 9 de la multiplication.

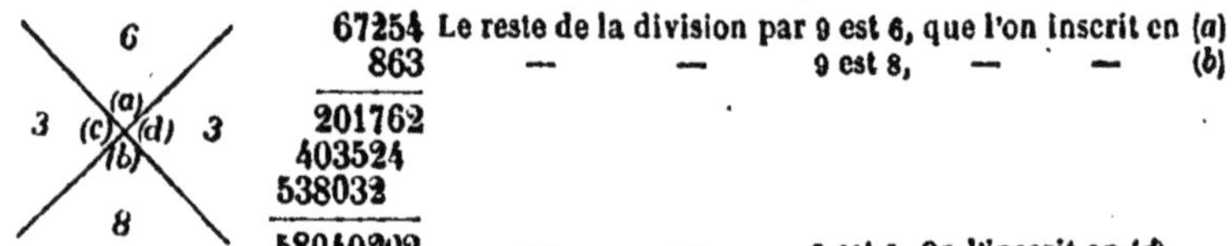

67254 Le reste de la division par 9 est 6, que l'on inscrit en (a)
863 — — 9 est 8, — — (b)

201762
403524
538032

58040202 — — 9 est 3. On l'inscrit en (d).
En (c) on écrit le reste de la division par 9 du produit (a)×(b).

Si l'on a (c) = (d), ou bien l'opération est exacte, ou bien on a commis une erreur d'un multiple de 9.

Plus grand commun diviseur et plus petit commun multiple.

EXEMPLE :

$$8424 = 2^3.3^4. \quad 13$$
$$2322 = 2 .3^3. \quad 43$$
$$180 = 2^2.3^2.5$$
$$126 = 2 .3^2. \quad 7$$

p. g. c. d. $= 2 .3^2 = 18$
p. p. c. m. $= 2^3.3^4.5.7.13.43 = 12678120.$

Nombres premiers à essayer pour reconnaître si un nombre donné est premier.

Entre 10 et 100 : 2, 3, 5, 7.
Entre 100 et 1000 : 2, 3, 5, 7, 11, 13, 17, 19, 23, 29 et 31.

On ne peut pas avoir d'autres nombres que ceux-là à essayer; mais il est inutile de les essayer tous. On doit s'arrêter dès que l'on arrive à un quotient entier égal ou inférieur au dernier diviseur employé. On peut affirmer alors que le nombre est premier.

Conversion des fractions ordinaires en fractions décimales.

(On suppose que la fraction est réduite à sa plus simple expression).

Cas où le dénominateur b ne contient pas d'autres facteurs que 2 et 5. — La fraction ordinaire se transforme exactement en fraction décimale.

* Soit $b = 2^\alpha 5^\beta$. Le nombre des chiffres décimaux est égal au plus grand des exposants α et β.

Cas où le dénominateur b est premier avec 10. — On a une fraction périodique simple.

* Le nombre des chiffres de la période est égal à l'exposant de la plus petite puissance de 10 qui, divisée par b, donne pour reste 1.

Cas où b est de la forme $2^\alpha 5^\beta b'$. — On a une fraction périodique mixte.

* Le nombre des chiffres de la partie non périodique est égal au plus fort des exposants α et β.
Le nombre des chiffres de la période est égal à l'exposant de la plus petite puissance de 10, qui divisée par b, donne pour reste 1.

Détermination de la fraction génératrice d'une fraction décimale périodique.

EXEMPLES :

Fraction périodique simple.	*Fraction périodique mixte.*
$0,565656\ldots = \dfrac{56}{99}$.	$0,36528528\ldots = \dfrac{36528-36}{99900} = \dfrac{36492}{99900}$.

Extraction de la racine carrée d'un nombre entier à moins de 1 près.

(EXEMPLE : 9876543).

* Ces produits ne doivent pas s'écrire: on retranche mentalement.

```
 9.87.65.43 | 3 1 4 2
*9          |
 ‾‾‾‾       | 6.1
   8.7      |  1
  *6 1      | ‾‾‾‾
  ‾‾‾‾      | 6 2.4
   2 66.5   |    4
  *2 4 96   | ‾‾‾‾‾
  ‾‾‾‾‾‾    | 6 2 8.2
    1 69 4.3|      2
   *1 25 64 |
  ‾‾‾‾‾‾‾
Reste  4379
```

Extraction de la racine carrée d'un nombre fractionnaire à moins de 1 près.

On extrait la racine carrée à moins de 1 près de la *partie entière*.

Extraction de racine carrée à moins de $\dfrac{1}{n}$ près.

Soit à évaluer la racine carrée de 19 à $\dfrac{1}{5}$ près.

C'est le nombre $\dfrac{x}{5}$ tel que l'on ait

$$\left(\frac{x}{5}\right)^2 < 19 < \left(\frac{x+1}{5}\right)^2.$$

On déduit de là $\qquad x^2 < 19 \times 25 < (x+1)^2$,
l'on voit que x est la racine carrée de 475 à 1 près ; $x = 21$.
La racine cherchée est $\dfrac{21}{5}$.

On procède d'une façon analogue pour un nombre fractionnaire.

Propriétés des rapports et des proportions.

$$\frac{a}{a'} = \frac{b}{b'} = \frac{c}{c'} = \ldots = \frac{a+b+c+\ldots}{a'+b'+c'+\ldots} = \frac{ma+nb+pc+\ldots}{ma'+nb'+pc'+\ldots}.$$

$$\frac{a}{a'} = \frac{b}{b'} = \frac{c}{c'} = \ldots = \frac{\sqrt{a^2+b^2+c^2+\ldots}}{\sqrt{a'^2+b'^2+c'^2+\ldots}} = \frac{\sqrt[n]{a^n+b^n+c^n+\ldots}}{\sqrt[n]{a'^n+b'^n+c'^n+\ldots}}.$$

Si $\dfrac{a}{a'} = \dfrac{b}{b'}$, on a $\dfrac{a+a'}{a-a'} = \dfrac{b+b'}{b-b'}$ et réciproquement.

Si
$$\frac{a}{a'} = \frac{b}{b'} = \frac{c}{c'} = \ldots = \frac{l}{l'},$$

on a

$$\sqrt{aa'} + \sqrt{bb'} + \sqrt{cc'} + \ldots + \sqrt{ll'} = \sqrt{(a+b+c+\ldots+l)(a'+b'+c'+\ldots+l')}.$$

Propriété de plusieurs fractions inégales.

Si
$$\frac{a}{b} < \frac{a'}{b'} < \frac{a''}{b''} < \ldots < \frac{a_n}{b_n},$$

on a
$$\frac{a}{b} < \frac{a+a'+\ldots+a_n}{b+b'+\ldots+b_n} < \frac{a_n}{b_n}.$$

Cas particuliers :

Si $\dfrac{a}{b} < 1$, on a $\dfrac{a-m}{b-m} < \dfrac{a}{b} < \dfrac{a+m}{b+m}.$

Si $\dfrac{a}{b} > 1$, on a $\dfrac{a+m}{b+m} < \dfrac{a}{b} < \dfrac{a-m}{b-m}.$

Formule de l'intérêt simple.	Formules d'escompte.
a, capital.	a, valeur du billet à l'échéance.
t, taux de l'intérêt.	t, taux de l'intérêt.
n, durée du placement (en jours).	n, nombre de jours depuis le jour de l'escompte jusqu'à l'échéance.
i, intérêt du capital.	n', nombre de jours entre la signature et l'échéance du billet.
	e, escompte.
$$i = \frac{atn}{36000}.$$	Escompte en dehors : $e = \dfrac{atn}{36000}.$
	Escompte en dedans : $e = \dfrac{atn}{36000+n't}.$

ALGÈBRE

Divisibilité exprimée par $\dfrac{a^m \pm b^m}{a \pm b}$.

$a^m - b^m$ est toujours divisible par $a - b$.

$a^m - b^m$ est   divisible par $a + b$ quand m est pair.

$a^m + b^m$ n'est jamais divisible par $a - b$.

$a^m + b^m$ est   divisible par $a + b$ quand m est impair.

Cas particuliers intéressants
$$\begin{cases} a^2 - b^2 = (a - b)(a + b). \\ a^3 - b^3 = (a - b)(a^2 + ab + b^2). \\ a^3 + b^3 = (a + b)(a^2 - ab + b^2). \end{cases}$$

Calcul des puissances et des radicaux.

Puissances.

$$a^m a^n = a^{m+n} \qquad \frac{a^m}{a^n} = a^{m-n} = \frac{1}{a^{n-m}}$$

$$a^m b^m = (ab)^m \qquad \frac{a^m}{b^m} = \left(\frac{a}{b}\right)^m$$

$$\frac{1}{a^m} = \left(\frac{1}{a}\right)^m = a^{-m} \qquad (a^m)^n = a^{mn} = (a^n)^m.$$

Radicaux.

$$\sqrt[m]{ab} = \sqrt[m]{a}\,\sqrt[m]{b} \qquad \sqrt[m]{\frac{a}{b}} = \frac{\sqrt[m]{a}}{\sqrt[m]{b}}$$

$$\sqrt[m]{\frac{1}{a}} = \frac{1}{\sqrt[m]{a}} = a^{-\frac{1}{m}}$$

$$\sqrt[m]{a^n} = \sqrt[mp]{a^{np}} = \sqrt[\frac{m}{q}]{a^{\frac{n}{q}}} = a^{\frac{n}{m}} = \sqrt[\frac{m}{n}]{a}$$

$$\sqrt[m]{\sqrt[n]{a}} = \sqrt[mn]{a} = \sqrt[n]{\sqrt[m]{a}}$$

$$\sqrt{a^2} = \pm a \qquad \sqrt[2n]{a} = \pm a^{\frac{1}{2n}} \qquad \sqrt[2n+1]{-a} = - a^{\frac{1}{2n+1}}$$

Résolution d'un système d'équations du premier degré à deux inconnues.

$$\begin{aligned} ax + by &= c \\ a'x + b'y &= c' \end{aligned} \qquad x = \frac{cb' - bc'}{ab' - ba'}, \qquad y = \frac{ac' - ca'}{ab' - ba'}.$$

On suppose que $ab' - ba'$ est différent de zéro.

Résolution d'un système d'équations du premier degré à trois inconnues.

$$ax + by + cz = d, \quad a'x + b'y + c'z = d', \quad a''x + b''y + c''z = d''.$$

Les valeurs de x, y, z se présentent sous forme de fractions ayant pour dénominateur commun

$$ab'c'' - ac'b'' + ca'b'' - ba'c'' + bc'a'' - cb'a''.$$

(On suppose cette quantité différente de zéro.)

Le numérateur de x se déduit du dénominateur en remplaçant a, a', a'' par d, d', d''.

$$\begin{aligned} — \quad y \quad — \qquad — \qquad b, b', b'' &— d, d', d''. \\ — \quad z \quad — \qquad — \qquad c, c', c'' &— d, d', d''. \end{aligned}$$

Résolution de l'équation du second degré
à une inconnue : $ax^2 + bx + c = 0$.

$$x' = \frac{-b - \sqrt{b^2 - 4ac}}{2a}, \qquad x'' = \frac{-b + \sqrt{b^2 - 4ac}}{2a}.$$

$$b^2 - 4ac \begin{cases} > 0 & \text{racines réelles et distinctes.} \\ = 0 & \text{racines égales.} \\ < 0 & \text{racines imaginaires.} \end{cases}$$

Formes remarquables sous lesquelles on peut mettre
le premier membre de l'équation du second degré.

$$b^2 - 4ac \begin{cases} > 0 & a(x - x')(x - x'') \\ = 0 & a(x - x')^2 \\ < 0 & a(M^2 + N^2) \end{cases}$$

Résolution des inéquations du second degré.

Les ramener à la forme $ax^2 + bx + c > 0$.

Différents cas	SOLUTIONS	
	$a > 0$	$a < 0$
$b^2 - 4ac > 0$	Tous les nombres extérieurs à l'intervalle x' x''	Tous les nombres compris entre x' et x''
$b^2 - 4ac = 0$	Tous les nombres excepté x'	Pas de solution
$b^2 - 4ac < 0$	Tous les nombres	Pas de solution

Relations entre les coefficients et les racines de l'équation
du second degré.

$$\text{Forme de l'équation} \begin{cases} x^2 + px + q = 0 & \text{Relations:} \quad x' + x'' = -p, \quad x'x'' = q. \\ ax^2 + bx + c = 0 & \text{Relations:} \quad x' + x'' = -\frac{b}{a}, \quad x'x'' = \frac{c}{a}. \end{cases}$$

Résolution de l'équation bicarrée $ax^4 + bx^2 + c = 0$.

$$x = \pm \sqrt{\frac{-b \pm \sqrt{b^2 - 4ac}}{2a}}.$$

On a les quatre valeurs de x en associant des quatre manières possibles les signes placés devant les radicaux.

La discussion est assez compliquée et ne peut être résumée; elle comporte trois grandes divisions et neuf cas distincts.

Dédoublement du radical composé $\sqrt{A \pm \sqrt{B}}$.

$$\sqrt{A + \sqrt{B}} = \sqrt{\frac{A + \sqrt{A^2 - B}}{2}} + \sqrt{\frac{A - \sqrt{A^2 - B}}{2}}$$

$$\sqrt{A - \sqrt{B}} = \sqrt{\frac{A + \sqrt{A^2 - B}}{2}} - \sqrt{\frac{A - \sqrt{A^2 - B}}{2}}$$

Le radical composé se transforme en une somme de deux radicaux simples lorsque $A^2 - B$ est un carré parfait.

Opérations permises sur les inégalités.

De l'inégalité $a > b$, on peut déduire les suivantes :

	lorsque	est
$a + m > b + m$	m	quelconque
$am > bm$	m	$+$
$am < bm$	m	$-$
$a^{2n+1} > b^{2n+1}$	a et b	quelconque
$a^{2n} > b^{2n}$	a et b	$+$
$a^{2n} < b^{2n}$	a et b	$-$
$\sqrt[2n+1]{a} > \sqrt[2n+1]{b}$	a et b	quelconque
$\left. \begin{array}{l} \sqrt[2n]{a} > \sqrt[2n]{b} \\ -\sqrt[2n]{a} < -\sqrt[2n]{b} \end{array} \right\}$	a et b	$+$

Inégalités simultanées.

Des deux inégalités de même sens

$$a > b, \qquad c > d,$$

on peut déduire $\quad a + c > b + d$

$$ac > bd \qquad \text{si } b \text{ et } c \text{ sont positifs.}$$
$$ac < bd \qquad \text{si } b \text{ et } c \text{ sont négatifs.}$$

Des deux inégalités de sens contraire

$$a > b, \qquad c < d,$$

on peut déduire $\quad \dfrac{a}{c} > \dfrac{b}{d} \qquad$ si a, b, c, d sont positifs.

$$\dfrac{a}{c} < \dfrac{b}{d} \qquad \text{si } a,\ b,\ c,\ d \text{ sont négatifs.}$$

Maximum et minimum du trinome $ax^2 + bx + c$.

On a
$$ax^2 + bx + c = a\left[\left(x + \frac{b}{2a}\right)^2 + \frac{4ac - b^2}{4a^2}\right].$$

a positif $\left\{\begin{array}{l} \text{pas de maximum} \\ \text{minimum pour } x = -\dfrac{b}{2a} \end{array}\right.$

a négatif $\left\{\begin{array}{l} \text{maximum pour } x = -\dfrac{b}{2a} \\ \text{pas de minimum.} \end{array}\right.$

$\left.\begin{array}{c} \\ \\ \\ \end{array}\right\}$ valeur du minimum ou du maximum : $\dfrac{4ac - b^2}{4a}$.

Maximum du produit de deux facteurs.

Le maximum du produit de deux facteurs variables, dont la somme est constante, a lieu lorsque ces facteurs sont égaux.

(Si les facteurs varient dans des limites qui ne leur permettent pas de devenir égaux, le maximum du produit a lieu lorsque la différence des facteurs est minimum.)

Minimum de la somme de deux facteurs.

Le minimum de la somme de deux facteurs variables, dont le produit est constant, a lieu lorsque ces facteurs sont égaux.

(Si les facteurs ne peuvent devenir égaux, le minimum de leur somme correspond au minimum de leur différence.)

Maximum du produit de plusieurs facteurs positifs.

Si
$$x + y + z + \ldots = \text{const.,}$$

le produit
$$x^\alpha y^\beta z^\gamma \ldots$$

est maximum pour
$$\frac{x}{\alpha} = \frac{y}{\beta} = \frac{z}{\gamma} = \ldots$$

(On suppose que ces égalités peuvent être satisfaites.)

Progressions arithmétiques.

a, premier terme.
r, raison.
l, dernier terme.
n, nombre des termes.
S, somme des termes.

$$l = a + (n - 1)r$$

$$S = \frac{(a + l)n}{2}$$

$$S = \frac{[2a + (n - 1)r]n}{2}$$

Progressions géométriques.

a, premier terme.
q, raison.
l, dernier terme.
n, nombre des termes.
S, somme des termes.
Σ, limite de la somme des termes d'une progression indéfiniment décroissante.

$$l = aq^{n-1}$$

$$S = \frac{lq - a}{q - 1} = \frac{a(q^n - 1)}{q - 1}$$

$$\Sigma = \frac{a}{1 - q}$$

Intérêts composés.

A, ce que devient un capital C placé à intérêts composés pendant n années et k jours, au taux de r pour franc, l'année ayant t jours.

$$A = C(1 + r)^n \left(1 + \frac{kr}{t}\right)$$

Annuités.

a, annuité qu'il faut payer à la fin de chaque année, pendant n années, pour amortir une dette C.

$$a = \frac{Cr(1 + r)^n}{(1 + r)^n - 1}.$$

GÉOMÉTRIE

Polygones réguliers (de côté c).

POLYGONES	CONVEXES			ÉTOILÉS
	RAYON DU CERCLE CIRCONSCRIT	APOTHÈME	SURFACE	RAYON DU CERCLE CIRCONSCRIT
Triangle...	$\frac{1}{3} c \sqrt{3}$	$\frac{1}{6} c \sqrt{3}$	$\frac{1}{2} c^2 \sqrt{3}$	
Carré....	$\frac{1}{2} c \sqrt{2}$	$\frac{1}{2} c$	c^2	
Pentagone.	$\frac{1}{10} c \sqrt{50+10\sqrt{5}}$	$\frac{1}{10} c \sqrt{25+10\sqrt{5}}$	$\frac{1}{4} c^2 \sqrt{25+10\sqrt{5}}$	$\frac{1}{10} c \sqrt{50-10\sqrt{5}}$
Hexagone..	c	$\frac{1}{2} c \sqrt{3}$	$\frac{3}{2} c^2 \sqrt{3}$	
Octogone..	$\frac{1}{2} c \sqrt{4+2\sqrt{2}}$	$\frac{1}{2} c (1+\sqrt{2})$	$2 c^2 (\sqrt{2}+1)$	$\frac{1}{2} c \sqrt{4-2\sqrt{2}}$
Décagone..	$\frac{1}{2} c(\sqrt{5}+1)$	$\frac{1}{2} c \sqrt{5+2\sqrt{5}}$	$\frac{5}{2} c^2 \sqrt{5+2\sqrt{5}}$	$\frac{1}{2} (\sqrt{5}-1)$
Dodécagone.	$\frac{1}{2} c(\sqrt{6}+\sqrt{2})$	$\frac{1}{2} c (2+\sqrt{3})$	$3 c^2 (2+\sqrt{3})$	$\frac{1}{2} c (\sqrt{6}-\sqrt{2})$

Polygones réguliers (inscrits dans un cercle de rayon R).

POLYGONES	CONVEXES			ÉTOILÉS
	CÔTÉ	APOTHÈME	SURFACE	CÔTÉ
Triangle...	$R \sqrt{3}$	$\frac{1}{2} R$	$\frac{3}{4} R^2 \sqrt{3}$	
Carré....	$R \sqrt{2}$	$\frac{1}{2} R \sqrt{2}$	$2 R^2$	
Pentagone..	$\frac{1}{2} R \sqrt{10-2\sqrt{5}}$	$\frac{1}{4} R (\sqrt{5}+1)$	$\frac{5}{8} R^2 \sqrt{10+2\sqrt{5}}$	$\frac{1}{2} R \sqrt{10+2\sqrt{5}}$
Hexagone..	R	$\frac{1}{2} R \sqrt{3}$	$\frac{3}{2} R^2 \sqrt{3}$	
Octogone..	$R \sqrt{2-\sqrt{2}}$	$\frac{1}{4} R \sqrt{2+\sqrt{2}}$	$2 R^2 \sqrt{2}$	$R \sqrt{2+\sqrt{2}}$
Décagone..	$\frac{1}{2} R (\sqrt{5}-1)$	$\frac{1}{4} R \sqrt{10+2\sqrt{5}}$	$\frac{5}{4} R^2 \sqrt{10-2\sqrt{5}}$	$\frac{1}{2} R (\sqrt{5}+1)$
Dodécagone.	$\frac{1}{2} R (\sqrt{6}-\sqrt{2})$	$\frac{1}{4} R (\sqrt{6}+\sqrt{2})$	$3 R^2$	$\frac{1}{2} R (\sqrt{6}+\sqrt{2})$

Rapport de la circonférence au diamètre (π).

$$\pi = 3{,}1415926; \quad \log \pi = 0{,}4971509; \quad \frac{1}{\pi} = 0{,}3183099; \quad \log \frac{1}{\pi} = \overline{1}{,}5028491;$$

$$\sqrt{\pi} = 1{,}7724539; \quad \log \sqrt{\pi} = 0{,}2485749; \quad \sqrt{\frac{1}{\pi}} = 0{,}5611896; \quad \log \sqrt{\frac{1}{\pi}} = \overline{1}{,}7514251;$$

$$\pi^2 = 9{,}8696044; \quad \log \pi^2 = 0{,}9942997.$$

Moyen de retrouver les premiers chiffres de π !

Écrire le vers ci-dessous et totaliser le nombre des lettres de chaque mot :

Que j'aime à faire apprendre un nombre utile aux sages !

3, 1 4 1 5 9 2 6 5 3 5

Aires.

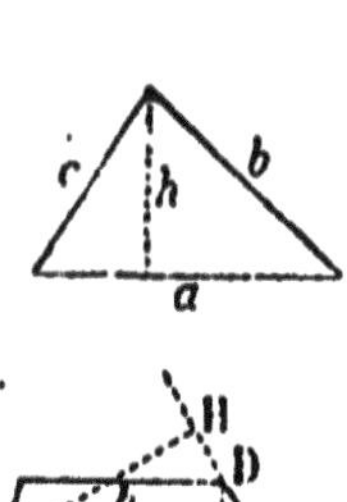

Triangle.

$$\begin{cases} 1^\circ \quad \dfrac{ah}{2} \\[2mm] 2^\circ \quad \sqrt{p(p-a)(p-b)(p-c)} \\[2mm] p \text{ étant égal à } \dfrac{a+b+c}{2} \end{cases}$$

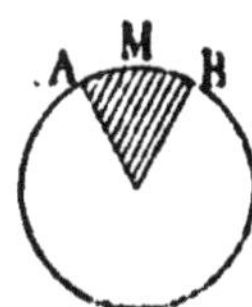

Trapèze

$$\begin{cases} 1^\circ \quad \dfrac{(B+b)h}{2} \\[2mm] 2^\circ \quad CD \times MH \end{cases}$$

Cercle.

$$\pi R^2$$

Secteur circulaire.

$$\begin{cases} 1^\circ \quad \dfrac{\text{arc AMB} \times R}{2} \\[2mm] 2^\circ \quad \dfrac{\pi R^2 n}{360} \\[2mm] n, \text{ nombre de degrés} \\ \text{de l'arc AMB.} \end{cases}$$

Cylindre droit à base circulaire (aire latérale).

$$2\pi Rh$$

Cône droit à base circulaire (aire latérale).

$$\pi Ra$$

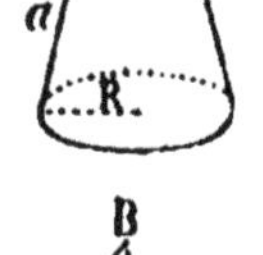

Tronc de cône droit à bases parallèles (aire latérale).

$$\pi(R+r)a$$

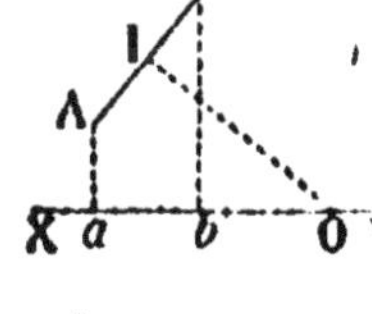

Surface engendrée par une **droite AB tournant** autour d'un axe XY situé dans son plan, la droite étant tout entière d'un même côté de l'axe.

$$\text{Circonf. OI} \times ab \\ = 2\pi OI \times ab$$

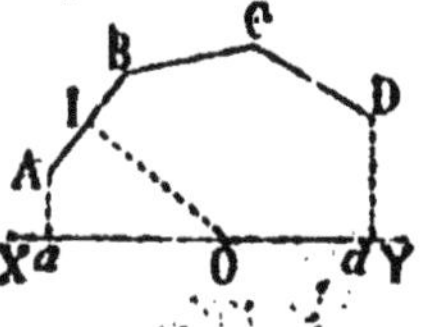

Surface engendrée par une **ligne polygonale** *régulière* $(AB = BC = CD = \ldots \; \overparen{ABC} = \overparen{BCD} = \ldots)$ **tournant** autour d'un axe XY mené par son centre, dans son plan, la ligne polygonale étant située tout entière d'un même côté de cet axe.

$$2\pi OI \times ad$$

Zone.

$$2\pi Rh$$

Sphère.

$$4\pi R^2$$

Volumes.

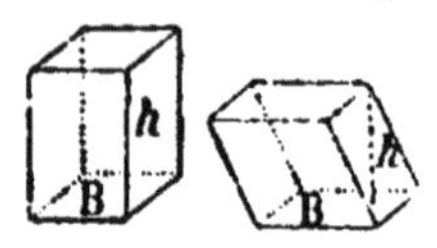

Parallélepipèdes. $\qquad Bh$

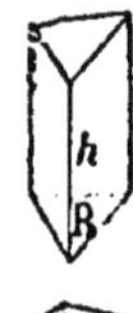

Prisme droit. $\qquad Bh$

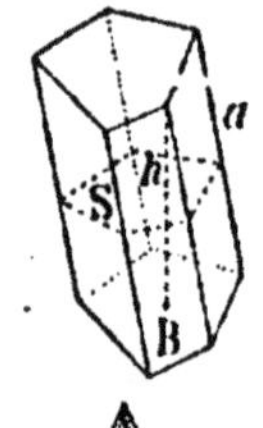

Prisme oblique.
$$\begin{cases} 1^\circ & Bh \\[2mm] 2^\circ & Sa \\ & \text{(S, section droite.)} \end{cases}$$

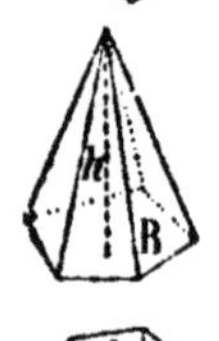

Pyramide. $\qquad \dfrac{1}{3}Bh$

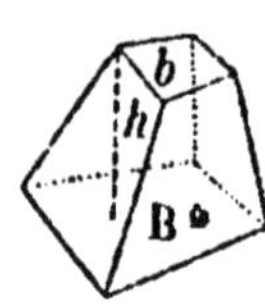

Tronc de pyramide à bases parallèles.
$$\begin{cases} 1^\circ & \dfrac{h}{3}\left(B + b + \sqrt{Bb}\right) \\[3mm] 2^\circ & \dfrac{Bh}{3}(1 + k + k^2) \end{cases}$$
(k, rapport d'un côté de la petite base au côté homologue de la grande.)

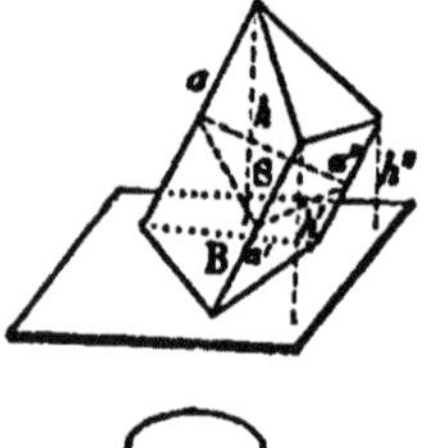

Tronc de prisme triangulaire.
$$\begin{cases} 1^\circ & B\left(\dfrac{h + h' + h''}{3}\right) \\[3mm] 2^\circ & S\left(\dfrac{a + a' + a''}{3}\right) \\ & \text{(S, section droite.)} \end{cases}$$

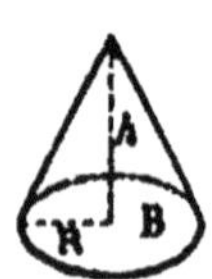

Cylindre droit à base circulaire. $\qquad Bh = \pi R^2 h$

Cône droit à base circulaire. $\qquad \dfrac{Bh}{3} = \dfrac{\pi R^2 h}{3}$

Tronc de cône à bases parallèles. $\qquad \dfrac{\pi h}{3}(R^2 + r^2 + Rr)$

Volumes *(Suite).*

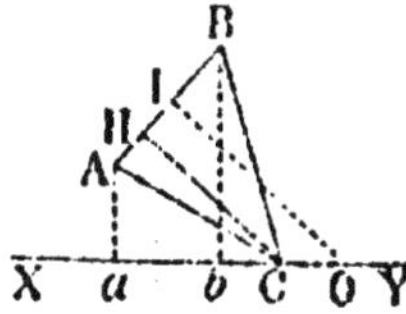

Volume engendré par un **triangle ABC tournant** autour d'un axe XY mené dans son plan, par un des sommets, extérieurement à ce triangle.

$$\text{Surf. } AB \times \frac{CH}{3}$$
$$= 2\pi OI.ab. \frac{CH}{3}.$$

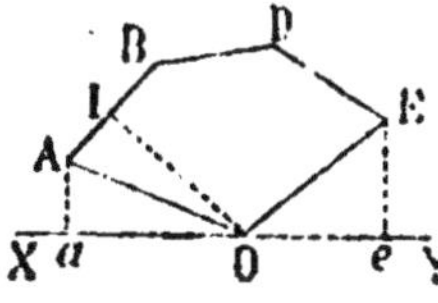

Volume engendré par un **secteur polygonal** *régulier* **OABDE tournant** autour d'un axe XY mené par son centre, dans son plan, extérieurement au secteur.

$$\frac{1}{3}OI. \text{ surf. } ABDE$$
$$= \frac{2}{3}\pi\overline{OI}^2.ae$$

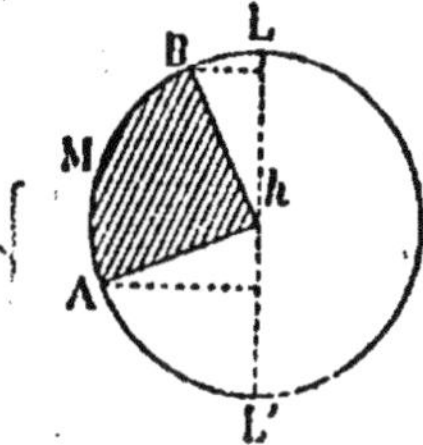

Secteur sphérique. (Volume engendré par la rotation d'un secteur circulaire AMB autour d'un diamètre LL'.)

Zone engendrée par
$$AMB \times \frac{R}{3} = \frac{2}{3}\pi R^2 h$$

Sphère.

$$\frac{4}{3}\pi R^3$$

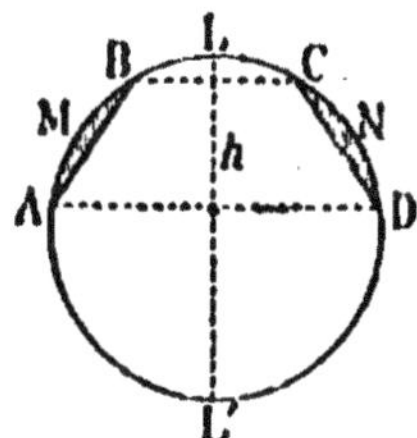

Anneau sphérique. (Volume engendré par la rotation d'un segment circulaire AMB autour d'un diamètre LL'.)

$$\frac{1}{6}\pi\overline{AB}^2 h$$

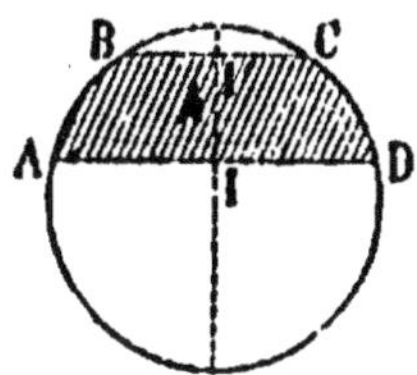

Segment sphérique. (Portion du volume de la sphère comprise entre deux plans parallèles.)

$$\frac{1}{6}\pi h^3 + \frac{1}{2}\pi(\overline{AI}^2 + \overline{BI'}^2)h$$

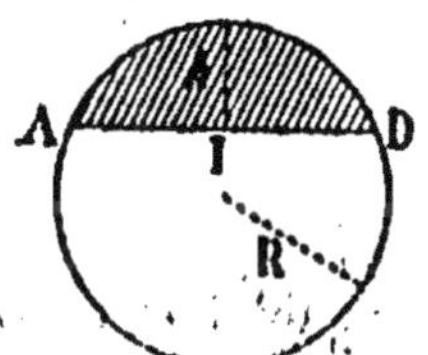

Segment sphérique à une base.

$$1° \ \frac{1}{6}\pi h(h^2 + 3\overline{AI}^2)$$
$$2° \ \frac{1}{3}\pi h^2(3R - h)$$

Principales formules relatives au Triangle. *(Voir les formules trigonométriques à la page 23.)*

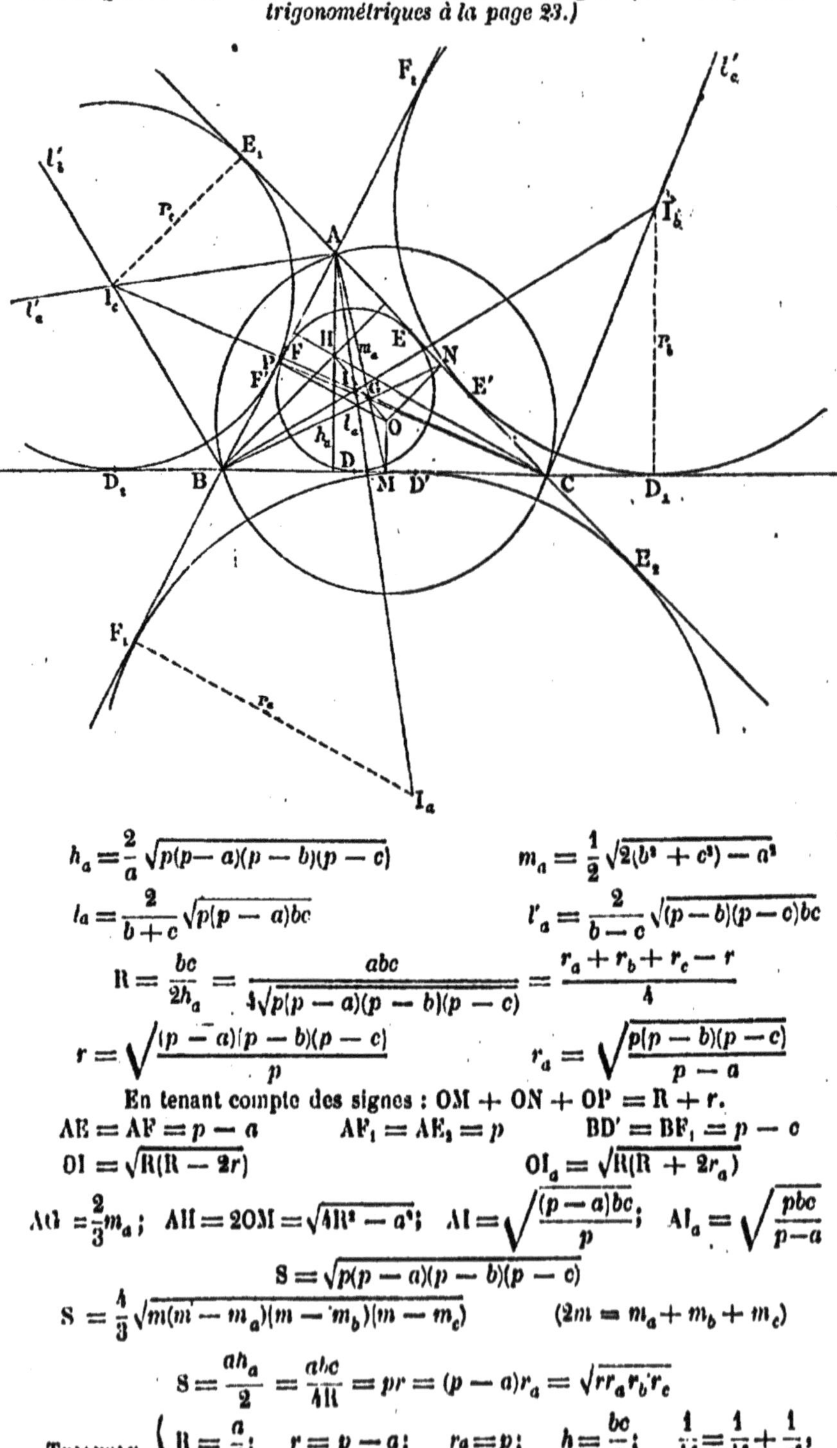

$$h_a = \frac{2}{a} \sqrt{p(p-a)(p-b)(p-c)} \qquad m_a = \frac{1}{2}\sqrt{2(b^2+c^2)-a^2}$$

$$l_a = \frac{2}{b+c}\sqrt{p(p-a)bc} \qquad l'_a = \frac{2}{b-c}\sqrt{(p-b)(p-c)bc}$$

$$R = \frac{bc}{2h_a} = \frac{abc}{4\sqrt{p(p-a)(p-b)(p-c)}} = \frac{r_a+r_b+r_c-r}{4}$$

$$r = \sqrt{\frac{(p-a)(p-b)(p-c)}{p}} \qquad r_a = \sqrt{\frac{p(p-b)(p-c)}{p-a}}$$

En tenant compte des signes : $OM + ON + OP = R + r$.

$$AE = AF = p-a \qquad AF_1 = AE_2 = p \qquad BD' = BF_1 = p-c$$

$$OI = \sqrt{R(R-2r)} \qquad OI_a = \sqrt{R(R+2r_a)}$$

$$AG = \frac{2}{3}m_a\ ; \quad AH = 2OM = \sqrt{4R^2-a^2}\ ; \quad AI = \sqrt{\frac{(p-a)bc}{p}}\ ; \quad AI_a = \sqrt{\frac{pbc}{p-a}}$$

$$S = \sqrt{p(p-a)(p-b)(p-c)}$$

$$S = \frac{4}{3}\sqrt{m(m-m_a)(m-m_b)(m-m_c)} \qquad (2m = m_a+m_b+m_c)$$

$$S = \frac{ah_a}{2} = \frac{abc}{4R} = pr = (p-a)r_a = \sqrt{rr_ar_br_c}$$

TRIANGLE RECTANGLE ($A = 90°$)
$$\left\{ \begin{array}{l} R = \dfrac{a}{2}\ ; \quad r = p-a\ ; \quad r_a = p\ ; \quad h = \dfrac{bc}{a}\ ; \quad \dfrac{1}{h^2} = \dfrac{1}{b^2}+\dfrac{1}{c^2}\ ; \\[2ex] S = \dfrac{bc}{2} = BD \times DC = BD_1 \times D_1C. \end{array} \right.$$

TRIGONOMÉTRIE

Signes des lignes trigonométriques d'arcs terminés aux différents quadrants.

	1er Quadrant.	2me Quadrant.	3me Quadrant.	4me Quadrant.
Sinus, cosécante	$+$	$+$	$-$	$-$
Tangente, cotangente . . .	$+$	$-$	$+$	$-$
Sécante, cosinus	$+$	$-$	$-$	$+$

Relations entre les lignes trigonométriques de certains arcs.

$$\sin (\pi + a) = - \sin a \qquad\qquad \operatorname{coséc} (\pi + a) = - \operatorname{coséc} a$$
$$\operatorname{tg} (\pi + a) = \operatorname{tg} a \qquad\qquad \operatorname{cotg} (\pi + a) = \operatorname{cotg} a$$
$$\cos (\pi + a) = - \cos a \qquad\qquad \operatorname{séc} (\pi + a) = - \operatorname{séc} a$$

$$\sin (\pi - a) = \sin a \qquad\qquad \operatorname{coséc} (\pi - a) = \operatorname{coséc} a$$
$$\operatorname{tg} (\pi - a) = - \operatorname{tg} a \qquad\qquad \operatorname{cotg} (\pi - a) = - \operatorname{cotg} a$$
$$\cos (\pi - a) = - \cos a \qquad\qquad \operatorname{séc} (\pi - a) = - \operatorname{séc} a$$

$$\sin \left(\frac{\pi}{2} + a\right) = \cos a \qquad\qquad \operatorname{coséc} \left(\frac{\pi}{2} + a\right) = \operatorname{séc} a$$

$$\operatorname{tg} \left(\frac{\pi}{2} + a\right) = - \operatorname{cotg} a \qquad\qquad \operatorname{cotg} \left(\frac{\pi}{2} + a\right) = - \operatorname{tg} a$$

$$\cos \left(\frac{\pi}{2} + a\right) = - \sin a \qquad\qquad \operatorname{séc} \left(\frac{\pi}{2} + a\right) = - \operatorname{coséc} a$$

Arcs répondant à une ligne trigonométrique donnée.

$$\text{De} \quad \sin x = \sin \alpha, \quad \text{on déduit} \quad x = \begin{cases} 2k\pi + \alpha \\ (2k + 1)\pi - \alpha \end{cases}$$
$$\cos x = \cos \alpha, \qquad\qquad x = 2k\pi \pm \alpha$$
$$\operatorname{tg} x = \operatorname{tg} \alpha, \qquad\qquad x = k\pi + \alpha$$
$$\operatorname{séc} x = \operatorname{séc} \alpha, \qquad\qquad x = 2k\pi \pm \alpha$$

Relations fondamentales.

$$\sin^2 a + \cos^2 a = 1, \quad \operatorname{tg} a = \frac{\sin a}{\cos a}, \quad \operatorname{séc} a = \frac{1}{\cos a}, \quad \operatorname{cotg} a = \frac{\cos a}{\sin a}, \quad \operatorname{coséc} a = \frac{1}{\sin a}.$$

Relations utiles, déduites des précédentes.

$$\operatorname{tg} a . \operatorname{cotg} a = 1, \qquad \sin a . \operatorname{coséc} a = 1 \qquad \cos a . \operatorname{séc} a = 1.$$
$$\operatorname{séc}^2 a = 1 + \operatorname{tg}^2 a, \qquad \operatorname{coséc}^2 a = 1 + \operatorname{cotg}^2 a,$$
$$\cos a = \pm \frac{1}{\sqrt{1 + \operatorname{tg}^2 a}}, \qquad \sin a = \pm \frac{\operatorname{tg} a}{\sqrt{1 + \operatorname{tg}^2 a}},$$
$$\operatorname{séc} a = \pm \sqrt{1 + \operatorname{tg}^2 a}, \qquad \operatorname{coséc} a = \pm \frac{\sqrt{1 + \operatorname{tg}^2 a}}{\operatorname{tg} a}.$$

Addition, soustraction, multiplication et division des arcs.

$$\sin (a + b) = \sin a \cos b + \cos a \sin b \qquad \sin (a - b) = \sin a \cos b - \cos a \sin b$$

$$\cos (a + b) = \cos a \cos b - \sin a \sin b \qquad \cos (a - b) = \cos a \cos b + \sin a \sin b$$

$$\operatorname{tg} (a + b) = \frac{\operatorname{tg} a + \operatorname{tg} b}{1 - \operatorname{tg} a \operatorname{tg} b} \qquad \operatorname{tg} (a - b) = \frac{\operatorname{tg} a - \operatorname{tg} b}{1 + \operatorname{tg} a \operatorname{tg} b}$$

$$\sin (a+b+c) = \sin a \cos b \cos c + \sin b \cos a \cos c + \sin c \cos a \cos b - \sin a \sin b \sin c$$

$$\cos (a+b+c) = \cos a \cos b \cos c - \sin b \sin c \cos a - \sin a \sin c \cos b - \sin a \sin b \cos c$$

$$\operatorname{tg} (a + b + c) = \frac{\operatorname{tg} a + \operatorname{tg} b + \operatorname{tg} c - \operatorname{tg} a \operatorname{tg} b \operatorname{tg} c}{1 - \operatorname{tg} a \operatorname{tg} b - \operatorname{tg} b \operatorname{tg} c - \operatorname{tg} c \operatorname{tg} a}$$

$$\sin 2a = 2 \sin a \cos a, \qquad \cos 2a = \cos^2 a - \sin^2 a, \qquad \operatorname{tg} 2a = \frac{2 \operatorname{tg} a}{1 - \operatorname{tg}^2 a}$$

$$\sin 2a = \frac{2 \operatorname{tg} a}{1 + \operatorname{tg}^2 a}, \qquad \cos 2a = \frac{1 - \operatorname{tg}^2 a}{1 + \operatorname{tg}^2 a}, \qquad \sec 2a = \frac{1 + \operatorname{tg}^2 a}{1 - \operatorname{tg}^2 a}$$

$$\sin 3a = 3 \sin a - 4 \sin^3 a, \qquad \cos 3a = 4 \cos^3 a - 3 \cos a, \qquad \operatorname{tg} 3a = \frac{3 \operatorname{tg} a - \operatorname{tg}^3 a}{1 - 3 \operatorname{tg}^2 a}$$

$$\sin \frac{a}{2} = \pm \sqrt{\frac{1 - \cos a}{2}}, \qquad \cos \frac{a}{2} = \pm \sqrt{\frac{1 + \cos a}{2}}, \qquad \operatorname{tg} \frac{a}{2} = \pm \sqrt{\frac{1 - \cos a}{1 + \cos a}}$$

$$\sin \frac{a}{2} = \frac{1}{2}(\pm \sqrt{1 + \sin a} \pm \sqrt{1 - \sin a}), \quad \cos \frac{a}{2} = \frac{1}{2}(\pm \sqrt{1 + \sin a} \mp \sqrt{1 - \sin a}), \quad \operatorname{tg} \frac{a}{2} = \frac{-1 \pm \sqrt{1 + \operatorname{tg}^2 a}}{\operatorname{tg} a}$$

Valeur des lignes trigonométriques de certains arcs.

ARCS	SINUS	COSINUS	TANGENTE
15°	$\frac{1}{4}(\sqrt{6} - \sqrt{2})$	$\frac{1}{4}(\sqrt{6} + \sqrt{2})$	$2 - \sqrt{3}$
18°	$\frac{1}{4}(\sqrt{5} - 1)$	$\frac{1}{4}\sqrt{10 + 2\sqrt{5}}$	$\frac{1}{5}\sqrt{25 - 10\sqrt{5}}$
30°	$\frac{1}{2}$	$\frac{1}{2}\sqrt{3}$	$\frac{1}{3}\sqrt{3}$
36°	$\frac{1}{4}\sqrt{10 - 2\sqrt{5}}$	$\frac{1}{4}(\sqrt{5} + 1)$	$\sqrt{5 - 2\sqrt{5}}$
45°	$\frac{1}{2}\sqrt{2}$	$\frac{1}{2}\sqrt{2}$	1
60°	$\frac{1}{2}\sqrt{3}$	$\frac{1}{2}$	$\sqrt{3}$

En partant des données ci-dessus, on pourrait calculer les lignes trigonométriques de tous les arcs, de 3° en 3°, en observant que :

I.   3° = 18° — 15°   12° = 30° — 18°   II. 24° = 45° — 21°   39° = 45° — 6°
     6° = 36° — 30°   21° = 36° — 15°   33° = 45° — 12°   42° = 45° — 3°
     9° = 45° — 36°   27° = 45° — 18°

Les lignes trigonométriques des arcs supérieurs à 45° se déduisent des lignes trigonométriques des arcs complémentaires.

Formules de transformation.

$$\sin p + \sin q = 2 \sin \frac{p+q}{2} \cos \frac{p-q}{2} \qquad \sin p - \sin q = 2 \cos \frac{p+q}{2} \sin \frac{p-q}{2}$$

$$\cos p + \sin q = 2 \cos \frac{p+q}{2} \cos \frac{p-q}{2} \qquad \cos p - \cos q = -2 \sin \frac{p+q}{2} \sin \frac{p-q}{2}$$

$$\sin a \ \sin b = \frac{1}{2}[\cos (a - b) - \cos (a + b)]$$

$$\sin a \cos b = \frac{1}{2}[\sin (a + b) + \sin (a - b)]$$

$$\cos a \ \cos b = \frac{1}{2}[\cos (a - b) + \cos (a + b)]$$

$$\operatorname{tg} a + \operatorname{tg} b = \frac{\sin (a + b)}{\cos a \cos b} \qquad \operatorname{tg} a - \operatorname{tg} b = \frac{\sin (a - b)}{\cos a \cos b}$$

$$\operatorname{cotg} a + \operatorname{cotg} b = \frac{\sin (a + b)}{\sin a \sin b} \qquad \operatorname{cotg} a - \operatorname{cotg} b = - \frac{\sin (a - b)}{\sin a \sin b}$$

$$\sin a + \cos b = 2\sin\left(\frac{\pi}{4} + \frac{a-b}{2}\right)\sin\left(\frac{\pi}{4} + \frac{a+b}{2}\right) \qquad \sin a - \cos b = -2\sin\left(\frac{\pi}{4} - \frac{a-b}{2}\right)\sin\left(\frac{\pi}{4} - \frac{a+b}{2}\right)$$

$$1 + \cos a = 2 \cos^2 \frac{a}{2} \qquad\qquad 1 - \cos a = 2 \sin^2 \frac{a}{2}$$

$$1 + \sin a = 2 \cos^2 \left(\frac{\pi}{4} - \frac{a}{2}\right) \qquad 1 - \sin a = 2 \sin^2 \left(\frac{\pi}{4} - \frac{a}{2}\right)$$

$$\frac{1 - \cos a}{1 + \cos a} = \operatorname{tg}^2 \frac{a}{2} \qquad\qquad \frac{1 - \sin a}{1 + \sin a} = \operatorname{tg}^2 \left(\frac{\pi}{4} - \frac{a}{2}\right)$$

$$\frac{1 - \operatorname{tg} a}{1 + \operatorname{tg} a} = \operatorname{tg} \left(\frac{\pi}{4} - a\right)$$

Formules rendues logarithmiques.

FORMULES	CONDITIONS	ANGLES AUXILIAIRES	FORMULES RENDUES LOGARITHMIQUES
$a + b$	a et b quelconques	*1re manière.* $\operatorname{tg} \varphi = \frac{b}{a}$	$a + b = \frac{a \sin (45° + \varphi)}{\cos 45° \cos \varphi}$
	$a > 0$ $b > 0$	*2me manière.* $\operatorname{tg}^2 \varphi = \frac{b}{a}$	$a + b = \frac{a}{\cos^2 \varphi}$
	$a > b > 0$	*3me manière.* $\cos \varphi = \frac{b}{a}$	$a + b = 2a \cos^2 \frac{\varphi}{2}$
$a - b$	$a > 0$ $b > 0$	*1re manière.* $\sin^2 \varphi = \frac{b}{a}$	$a - b = a \cos^2 \varphi$
	$a > b > 0$	*2me manière.* $\cos \varphi = \frac{b}{a}$	$a - b = 2a \sin^2 \frac{\varphi}{2}$
$\sqrt{a^2 + b^2}$	$a > 0$ $b > 0$	$\operatorname{tg} \varphi = \frac{b}{a}$	$\sqrt{a^2 + b^2} = \frac{a}{\cos \varphi}$
$\sqrt{a^2 - b^2}$	$a > b > 0$	$\sin \varphi = \frac{b}{a}$	$\sqrt{a^2 - b^2} = a \cos \varphi$

Principales formules relatives au triangle.

(Voir les formules géométriques à la page 17.)

NOTATION

$a, b, c,$	côtés.	$m_a, m_b, m_c,$	médianes.
$p,$	demi-périmètre.	$R,$	rayon du cercle circonscrit.
$A, B, C,$	angles.	$r,$	— inscrit.
$h_a, h_b, h_c,$	hauteurs.	$r_a, r_b, r_c,$	rayons des cercles exinscrits.
$l_a, l_b, l_c,$	bissectrices des angles intérieurs.	$I,$	centre du cercle inscrit.
$l'_a, l'_b, l'_c,$	bissectrices des angles extérieurs.	$I_a, I_b, I_c,$	centres des cercles exinscrits.

$$\frac{a}{\sin A} = \frac{b}{\sin B} = \frac{c}{\sin C} = 2R$$

$$a = b \cos C + c \cos B \qquad\qquad a = p \,\frac{\sin \dfrac{A}{2}}{\cos \dfrac{B}{2}\,\cos \dfrac{C}{2}}$$

$$a^2 = b^2 + c^2 - 2bc \cos A$$

$$\sin \frac{A}{2} = \sqrt{\frac{(p-b)(p-c)}{bc}} \qquad\qquad \cos \frac{A}{2} = \sqrt{\frac{p(p-a)}{bc}}$$

$$\sin A = \frac{2}{bc}\sqrt{p(p-a)(p-b)(p-c)}$$

$$h_a = \frac{a \sin B \sin C}{\sin A} \qquad l_a = \frac{2bc \cos \dfrac{A}{2}}{b+c} \qquad l'_a = \frac{2bc \sin \dfrac{A}{2}}{b-c}$$

$$R = \frac{a}{2 \sin A} \qquad r = (p-a)\,\mathrm{tg}\,\frac{A}{2} \qquad r_a = p\,\mathrm{tg}\,\frac{A}{2}$$

$$AI = \frac{2a \sin \dfrac{B}{2} \sin \dfrac{C}{2}}{\sin A} \qquad\qquad AI_a = p : \cos \frac{A}{2}$$

$$S = \frac{bc \sin A}{2} = \frac{a^2 \sin B \sin C}{2 \sin A} = p^2\,\mathrm{tg}\,\frac{A}{2}\,\mathrm{tg}\,\frac{B}{2}\,\mathrm{tg}\,\frac{C}{2}$$

$$S = Ra \sin B \sin C = Rh_a \sin A = \frac{1}{2}l_a (b+c) \sin \frac{A}{2}$$

$$S = Rr(\sin A + \sin B + \sin C) = rr_a \cot g\,\frac{A}{2} = r_b r_c\,\mathrm{tg}\,\frac{A}{2}$$

$$\sin A + \sin B + \sin C = 4 \cos \frac{A}{2} \cos \frac{B}{2} \cos \frac{C}{2}$$

$$\cos A + \cos B + \cos C = 4 \sin \frac{A}{2} \sin \frac{B}{2} \sin \frac{C}{2} + 1$$

$$\mathrm{tg}\,A + \mathrm{tg}\,B + \mathrm{tg}\,C = \mathrm{tg}\,A\,\mathrm{tg}\,B\,\mathrm{tg}\,C$$

$$\cos^2 A + \cos^2 B + \cos^2 C + 2 \cos A \cos B \cos C = 1$$

$$\sin 2A + \sin 2B + \sin 2C = 4 \sin A \sin B \sin C$$

TRIANGLE RECTANGLE ($A = 90°$)

$$a = \frac{b}{\sin B} = \frac{c}{\cos B} \qquad\qquad h_a = \frac{a \sin 2B}{2}$$

$$m_b = \frac{1}{2}\sqrt{a^2 - c^2 + 4ac \cos B} \qquad m_c = \frac{1}{2}\sqrt{a^2 - b^2 + 4ab \cos C}$$

$$l_b = \frac{c}{\cos \dfrac{B}{2}} \qquad l = \frac{b}{\cos \dfrac{C}{2}} \qquad l'_b = \frac{c}{\sin \dfrac{B}{2}} \qquad l'_c = \frac{b}{\sin \dfrac{C}{2}}$$

Résolution des triangles quelconques.

CAS	DONNÉES	INCONNUES	FORMULES
1er Cas	a B C	A b c	$b = \dfrac{a \sin B}{\sin (B + C)},\qquad c = \dfrac{a \sin C}{\sin (B + C)}$ $A = 180° - (B + C),\qquad S = \dfrac{a^2 \sin B \sin C}{2 \sin (B + C)}$
2e Cas	a b C	A B c	$\dfrac{A + B}{2} = 90° - \dfrac{C}{2},\qquad \operatorname{tg} \dfrac{A - B}{2} = \dfrac{a - b}{a + b} \operatorname{cotg} \dfrac{C}{2}$ $c = \dfrac{(a + b) \sin \dfrac{C}{2}}{\cos \dfrac{A - B}{2}} = \dfrac{(a - b) \cos \dfrac{C}{2}}{\sin \dfrac{A - B}{2}},\qquad S = \dfrac{ab \sin C}{2}$
3e Cas (cas douteux)	a b A	C B c	$\sin B = \dfrac{b \sin A}{a},\qquad C = 180° - (A + B)$ $c = \dfrac{a \sin C}{\sin A},\qquad S = \dfrac{ab \sin C}{2}$ DISCUSSION $A < 90°$: $\begin{cases} a \geqslant b \ \ldots\ldots\ldots\ 1\ \text{sol. B aigu} \\ a < b \begin{cases} a < b\sin A,\ 0\ \text{sol.} \\ a = b\sin A,\ 1\,\text{sol. B droit} \\ a > b\sin A,\ 2\,\text{sol. B' aigu, B'' obtus} \end{cases} \end{cases}$ $A \geqslant 90°$: $\begin{cases} a \leqslant b \ \ldots\ldots\ldots\ 0\ \text{sol.} \\ a > b \ \ldots\ldots\ldots\ 1\ \text{sol. B aigu} \end{cases}$
4e Cas	a b c	A B C	$\operatorname{tg}\dfrac{A}{2} = \sqrt{\dfrac{(p - b)(p - c)}{p(p - a)}},\qquad \operatorname{tg}\dfrac{B}{2} = \sqrt{\dfrac{(p - a)(p - c)}{p(p - b)}}$ $\operatorname{tg}\dfrac{C}{2} = \sqrt{\dfrac{(p - a)(p - b)}{p(p - c)}},\qquad S = \sqrt{p(p - a)(p - b)(p - c)}$

Formules de Simpson.

$$\sin [(m + 1)a + h] = 2 \cos a \sin (ma + h) - \sin [(m - 1)a + h]$$
$$\cos [(m + 1)a + h] = 2 \cos a \cos (ma + h) - \cos [(m - 1)a + h].$$

Sommation des sinus et des cosinus d'arcs en progression arithmétique.

$$\sin a + \sin(a + r) + \sin(a + 2r) + \ldots + \sin[a + (n - 1)r] = \dfrac{\sin \dfrac{nr}{2} \sin \left[a + \dfrac{(n - 1)r}{2}\right]}{\sin \dfrac{r}{2}}$$

$$\cos a + \cos(a + r) + \cos(a + 2r) + \ldots + \cos[a + (n - 1)r] = \dfrac{\sin \dfrac{nr}{2} \cos \left[a + \dfrac{(n - 1)r}{2}\right]}{\sin \dfrac{r}{2}}$$

MÉCANIQUE

STATIQUE

Forces concourantes.

1° *Deux forces.* — Règle du parallélogramme :

$$\frac{R}{\sin (F_1, F_2)} = \frac{F_1}{\sin (F_2, R)} = \frac{F_2}{\sin (R, F_1)}, \quad R^2 = F_1^2 + F_2^2 + 2F_1F_2 \cos (F_1, F_2).$$

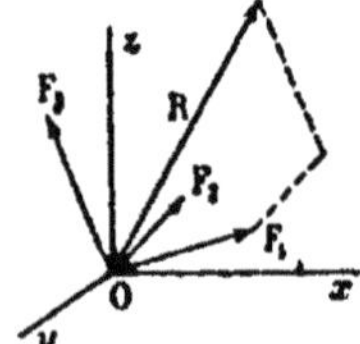

2° *Trois forces.* — Règle du parallélépipède :

Conditions d'équilibre :
$$\begin{cases} \dfrac{F_1}{\sin (F_3, F_2)} = \dfrac{F_2}{\sin (F_1, F_3)} = \dfrac{F_3}{\sin (F_2, F_1)}, \\[2mm] \widehat{F_1, F_2} + \widehat{F_2, F_3} + \widehat{F_3, F_1} = 360°. \end{cases}$$

3° *n forces.* — Règle du polygone des forces :

$$\begin{cases} R \cos \xi = F_1 \cos \alpha_1 + F_2 \cos \alpha_2 + \dots \\ R \cos \eta = F_1 \cos \beta_1 + F_2 \cos \beta_2 + \dots \\ R \cos \zeta = F_1 \cos \gamma_1 + F_2 \cos \gamma_2 + \dots \end{cases}$$

d'où : $\quad R^2 = \Sigma F^2 + 2\Sigma F_1 F_2 \cos (F_1, F_2).$

$$\cos \xi = \frac{\Sigma F_1 \cos \alpha_1}{R}, \quad \cos \eta = \frac{\Sigma F_1 \cos \beta_1}{R}, \quad \cos \zeta = \frac{\Sigma F_1 \cos \gamma_1}{R}.$$

Conditions d'équilibre. — Le contour polygonal des forces doit être fermé

$$\Sigma F_1 \cos \alpha_1 = 0, \quad \Sigma F_1 \cos \beta_1 = 0, \quad \Sigma F_1 \cos \gamma_1 = 0.$$

Forces parallèles.

1° *Deux forces de même sens.*

$$R = F_1 + F_2, \qquad \frac{BA_2}{F_1} = \frac{BA_1}{F_2} = \frac{A_1A_2}{R}.$$

B est le *centre* des deux forces.

2° *Deux forces de sens contraires.*

$$R = F_1 - F_2, \qquad \frac{BA_2}{F_1} = \frac{BA_1}{F_2} = \frac{A_1A_2}{R}.$$

B est le *centre* des deux forces.

3° *n forces.* — On compose toutes les forces parallèles de même sens, ensuite toutes les forces parallèles de sens contraire à celui des premières; enfin on compose les deux résultantes partielles. On obtient :

$$R = \Sigma F_1. \quad (\Sigma = \text{somme algébrique.})$$

et le point B, *centre* des n forces.

4° *Couple.* — Pas de résultante.

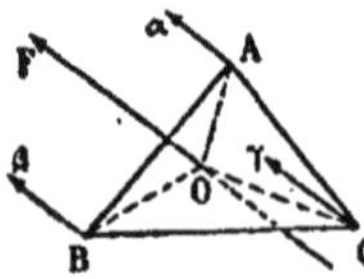

Décomposition d'une force en trois forces parallèles passant par trois points donnés.

$$\frac{\alpha}{\text{surf. OBC}} = \frac{\beta}{\text{surf. OAC}} = \frac{\gamma}{\text{surf. OAB}} = \frac{F}{\text{surf. ABC}}. \quad \text{(EULER.)}$$

(O, Trace de F sur plan du triangle des trois points;
α, β, γ, Intensités inconnues.)

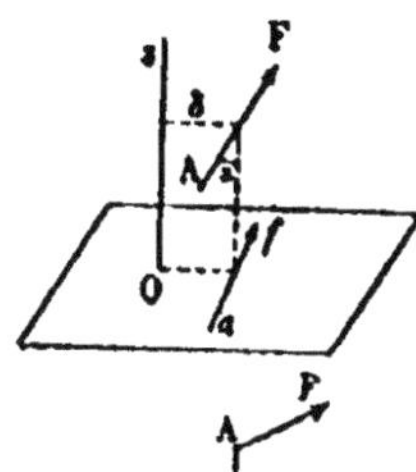

Moments.

1° Par rapport à un point.

$$M_0^t F = \pm F \times OP.$$

2° Par rapport à un axe.

$$M_{0z}^t F = M_0^t f.$$

$$M_{0z}^t F = F . \delta . \sin \alpha.$$

3° Par rapport à un plan.

$$M_p^t F = (\pm F) \times \overline{aA}.$$

Théorèmes des moments.

I. — Somme moments de n forces concour. complanes par rapport à un point de leur plan = moment de résultante.

II. — Somme moments de n forces concour. par rapport à un axe = moment de résultante.

III. — Somme moments de n forces parallèles complanes par rapport à un point de leur plan = moment de résultante ou du couple résultant.

IV. — Somme moments de n forces parallèles par rapport à un plan = moment de résultante ou du couple résultant.

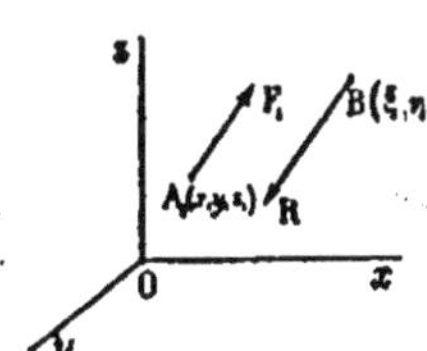

Coordonnées du centre de n forces parallèles.

$$\xi = \frac{\Sigma F_i x_i}{\Sigma F_i}, \quad \eta = \frac{\Sigma F_i y_i}{\Sigma F_i}, \quad \zeta = \frac{\Sigma F_i z_i}{\Sigma F_i}.$$

Centre des moyennes distances. $F_1 = F_2 = \dots = F_n$.

$$\xi' = \frac{\Sigma x_i}{n}, \quad \eta' = \frac{\Sigma y_i}{n}, \quad \zeta' = \frac{\Sigma z_i}{n}.$$

Centres de gravité.

LIGNES

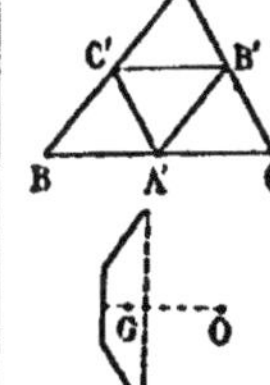

Périmètre du triangle. — G est le centre de la circonférence inscrite à A'B'C'. — A', B', C' sont les milieux de BC, CA, AB.

Contour polygonal régulier.

$$OG = \frac{\text{apoth.} \times \text{corde}}{\text{contour}}.$$

Arc circulaire.

$$OG = \frac{\text{rayon} \times \text{corde}}{\text{arc}}.$$

Demi-circonférence.

$$OG = \frac{2R}{\pi}.$$

SURFACES

Triangle. — G est le point de concours des médianes.

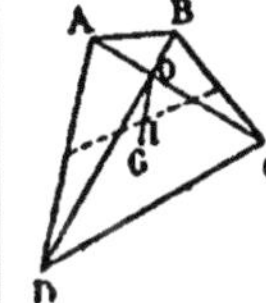

Quadrilatère. — I étant le centre des moyennes distances des sommets, G est sur OI, et

$$\frac{OG}{OI} = \frac{4}{3}.$$

Centres de gravité *(Suite).*

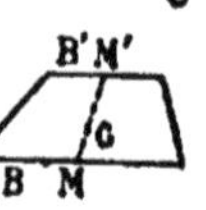

Ou encore : G est au centre de gravité du triangle OPQ ayant pour sommets le point O et les symétriques P, Q de O par rapport aux milieux E, F de AC, BD

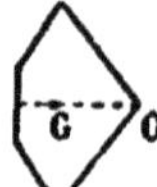

Trapèze. — Comme quadrilatère ;

ou bien : $\dfrac{GM}{GM'} = \dfrac{2B' + B}{2B + B'}$.

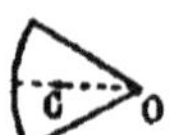

Secteur polygonal régulier.

$$OG = \frac{2}{3}\,\frac{\text{apoth.} \times \text{corde}}{\text{contour}}.$$

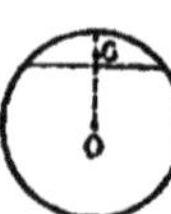

Secteur circulaire.

$$OG = \frac{2}{3}\,\frac{\text{rayon} \times \text{corde}}{\text{arc}}.$$

Demi-cercle.

$$OG = \frac{4R}{3\pi}.$$

Segment circulaire à une base.

$$OG = \frac{c^3}{12S}.$$

(*c* étant la corde et S la surface).

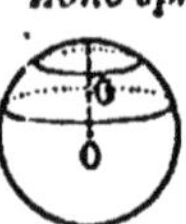

Segment circulaire à deux bases.

$$OG = \frac{c^3 - c'^3}{12S}.$$

Tétraèdre. — G est le centre de la sphère inscrite au tétraèdre qui a pour sommets les centres de gravité des faces du tétraèdre donné.

Zone sphérique. — G est au milieu de la hauteur.

On a aussi : $\qquad OG = \dfrac{R(B - B')}{Z}$.

(R, rayon de la sphère ; B, B', Z, surfaces des bases et de la zone).

Calotte sphérique. $\qquad OG = \dfrac{R.B}{Z}$.

Prisme, cylindre. — G est le milieu de la droite qui joint les centres de gravité des bases.

Tétraèdre, pyramide, cône. — Au quart à partir de la base du segment qui joint le sommet au centre de gravité de la base.

Tronc de pyramide. Tronc de cône.

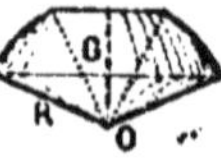

$$\frac{Gg}{Gg'} = \frac{GO}{GO'} = \frac{m^3 + 2m + 3}{3m^3 + 2m + 1}.$$

(*m* = rapport de similitude de la grande base à la petite.)

Secteur sphérique. $\qquad OG = \dfrac{3}{4}\,\dfrac{R(B - B')}{Z}$.

(R, rayon sphère ; B, B', Z, surfaces cercles bases et zone).

Secteur sphérique à une base. $\qquad OG = \dfrac{3}{4}\cdot\dfrac{R.B}{Z}$.

SURFACES

VOLUMES

VOLUMES

Centres de gravité *(Suite)*.

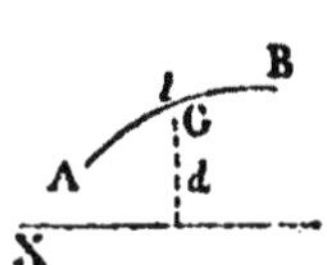

*Segment sphérique à une base. $OG = \dfrac{B^2}{4\pi V}$.

(B, surface base ; V, volume.)

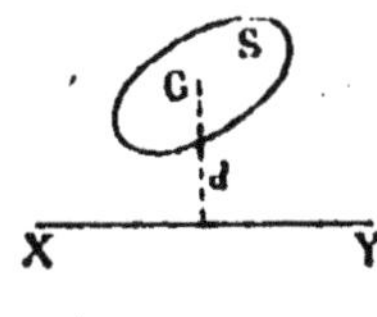

*Segment sphérique à deux bases. $OG = \dfrac{B^2 - B'^2}{4\pi V}$.

Théorèmes de Guldin et applications.

$$S = 2\pi l d, \qquad \Sigma = \frac{\pi l d \omega}{180}.$$

S, surface engendrée par une *ligne* plane AB *tournant* autour d'un axe XY situé dans son plan et ne la traversant pas ;

l, longueur de la ligne AB ;

d, distance du centre de gravité G de la ligne AB à l'axe XY ;

Σ, surface engendrée par la ligne AB après une rotation partielle d'angle ω.

$$V = 2\pi S d, \qquad V_1 = \frac{\pi S d \omega}{180}.$$

V, volume engendré par une *aire plane* S *tournant* autour d'un axe XY situé dans son plan et ne la traversant pas ;

d, distance du centre de gravité G de l'aire à l'axe XY ;

V_1, volume engendré après une rotation partielle d'angle ω.

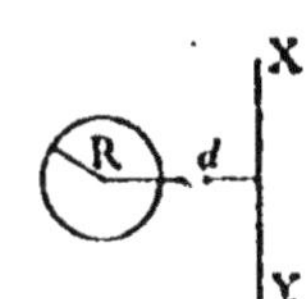

Tore. $\qquad S = 4\pi^2 R d, \qquad V = 2\pi^2 R^2 d$

S et V, surface et volume du tore ;

R, rayon du cercle générateur ;

d, distance de son centre à l'axe.

Réduction des forces appliquées à un solide.

Des forces en nombre quelconque appliquées à un solide peuvent toujours se réduire :

Soit à trois forces appliquées à trois points arbitraires (non en ligne droite) du solide ;

Soit à deux, l'une passant par un point arbitraire ;

Soit à une passant par un point arbitraire et à un couple.

Équilibre du solide libre.

Les sommes des projections des forces sur 3 axes rectangulaires O*x*, O*y*, O*z* doivent être nulles. Les sommes des moments des forces par rapport à chacun de ces axes doivent être nulles.

Donc, six conditions, qui s'écrivent :

$$\Sigma X = 0, \qquad \Sigma Y = 0, \qquad \Sigma Z = 0 ;$$
$$\Sigma(yZ - zY) = 0, \qquad \Sigma(zX - xZ) = 0, \qquad \Sigma(xY - yX) = 0.$$

Équilibre du solide gêné.

1° *Solide ayant un point fixe.* — Il faut et il suffit que les forces admettent une résultante passant par le point fixe.

2° *Solide ayant un axe fixe.* — Il faut et il suffit que la somme des moments des forces par rapport à l'axe soit nulle.

3° *Solide reposant sur un plan poli.* — Il faut et il suffit que les forces admettent une résultante, normale au plan, dirigée vers le plan et perçant le plan à l'intérieur du polygone convexe d'appui.

---

* Voir : *Problèmes de Mécanique*, par Th. Caronnet.

* Points qui intéressent seulement les candidats au Baccalauréat lettres-sciences.

Équations d'équilibre des machines.

P, Q, puissance et résistance appliquées à la machine.

Levier.	$\dfrac{P}{Q} = \dfrac{l'}{l}$	l, l', bras de levier respectifs des forces P, Q. Charge du point d'appui : $R = \sqrt{P^2 + Q^2 + 2PQ \cos (P, Q)}$.
Balance ordinaire.	Sensibilité $\operatorname{tg} \alpha = \dfrac{pl}{\varpi d}$	α, angle que fait le fléau avec l'horizontale. p, poids additionnel. ϖ, poids du fléau. l, demi-longueur du fléau. d, distance du centre de gravité de la balance à l'axe de suspension.
Romaine.	$\dfrac{P}{Q} = \dfrac{lB}{lA}$	
Balance de Roberval.	$P = Q$	
Bascule du commerce.	$\dfrac{P}{Q} = \dfrac{oe}{of}$	o, point fixe. e, f, points d'application de la résistance et de la puissance sur le levier supérieur.
Poulie fixe.	$P = Q$ $C = 2P \cos \alpha$	C, charge supportée par l'axe. α, angle que font les deux directions du cordon.
Poulie mobile.	$\dfrac{P}{Q} = \dfrac{R}{S} = \dfrac{1}{2\cos \alpha}$	R, rayon de la poulie. S, sous-tendante de l'arc embrassé par la corde. α, angle formé par les directions des forces P, Q.
*Moufle.	$\dfrac{P}{Q} = \dfrac{1}{n}$	n, nombre de poulies.
Treuil.	$\dfrac{P}{Q} = \dfrac{r}{R}$	r, rayon de l'arbre. R, longueur de la manivelle.
*Roue à chevilles	$\dfrac{P}{Q} = \dfrac{r}{l}$	r, rayon du tambour. l, bras du levier de la puissance par rapport à l'axe de la roue ou du tambour du treuil.
*Chèvre.	$\dfrac{P}{Q} = \dfrac{r}{2R}$	r, rayon de l'arbre. R, longueur de la manivelle.
Plan incliné.	$F \cos \theta = P \sin \alpha$ $F \sin \theta > P \cos \alpha$ La résultante de P et F doit percer le plan à l'intérieur du polygone d'appui.	Charge $= P \cos \alpha - F \sin \theta$.
*Coin isocèle.	$\dfrac{P}{Q} = 2 \operatorname{tg} \alpha$.	
*Vis. *Presse à vis.	$\dfrac{P}{Q} = \dfrac{\text{pas de vis}}{\text{circonf. décrite par la puissance}}$	
*Vis sans fin.	$\dfrac{P}{Q} = \dfrac{h}{2\pi R} \cdot \dfrac{r}{R'}$	h, pas de la vis. R, rayon de la circonférence décrite par la puissance. r, rayon du tambour de la roue dentée. R', rayon de la roue dentée.

CINÉMATIQUE

(e, espace; t, temps; v, vitesse; γ, accélération).

MOUVEMENT RECTILIGNE

Mouvement uniforme :
$$\begin{cases} e = e_0 + vt, \\ v = \text{const.}, \\ \gamma = 0. \end{cases}$$

Mouvement uniformé-ment varié :
$$\begin{cases} e = e_0 + v_0 t \pm \frac{1}{2}\gamma t^2, \\ v = v_0 \pm \gamma t, \\ v^2 - v_0^2 = \pm 2\gamma(e - e_0). \end{cases} \qquad (\gamma = \text{const.})$$

Pour la chute libre des corps on a : $\gamma = g = 9^m,8096$ (Paris).

Mouvement varié.

$$e = f(t); \begin{cases} \text{vit. moy.} = \dfrac{e' - e}{t' - t} = \dfrac{f(t') - f(t)}{t' - t}; \quad v = \lim_t \text{vit. moy.} = f'(t); \\ \text{acc. moy.} = \dfrac{v' - v}{t' - t} = \dfrac{f'(t') - f'(t)}{t' - t}; \quad \gamma = \lim \text{acc. moy.} = f''(t) \end{cases}$$

MOUVEMENT CURVILIGNE

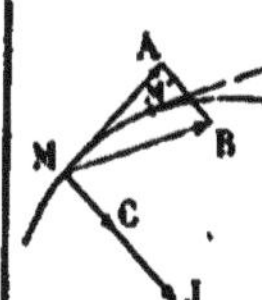

$\overline{\text{MA}}$, $\overline{\text{M'A'}}$, vit. aux époques t et t'; $\overline{\text{MB}}$ équipollent à $\overline{\text{M'A'}}$; $\overline{\text{MC}}$ équipollent à $\overline{\text{AB}}$.

$$e = f(t); \begin{cases} v = f'(t), \quad (v) = (\text{MA}); \\ (\text{accélération}) = \lim.\dfrac{\overline{\text{AB}}}{t' - t} = \lim.\dfrac{\overline{\text{MC}}}{t' - t} = (\text{MJ}). \end{cases}$$

Mouvement circulaire uniforme.

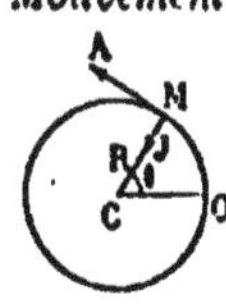

$$e = \text{R}\theta = e_0 + v_0 t;$$

vitesse
$$\begin{cases} (v_0) = (\text{MA}); \quad v_0 = \text{R}\theta'_t = \text{R}\omega, \\ \omega = \text{vitesse } angulaire \text{ ou vitesse du point de CM situé à la distance 1 de C.} \end{cases}$$

* accélération
$$\begin{cases} (\gamma) = (\text{MJ}), \\ \gamma = \dfrac{v_0^2}{\text{R}} = \text{R}\omega^2. \end{cases}$$

**Mouvement projeté sur un axe.*

$$v_m = \text{proj. de } V_{\text{M}},$$
$$\gamma_m = \text{proj. de } \Gamma_{\text{M}}.$$

**Composition de deux mouvements :* $(V_a) = (V_e) + (V_n).$

**Mouvement relatif :* $(V_n) = (V_a) - (V_e).$

**Mouvement des projectiles dans le vide.*

Equat. du mouvement.
$$\begin{cases} x = v_0 \cos\alpha . t, \\ y = v_0 \sin\alpha . t - \frac{1}{2} g t^2, \end{cases}$$

Trajectoire (parabole) : $y = \text{tg}\,\alpha . x - \dfrac{g x^2}{2 v_0^2 \cos^2\alpha}.$

$$\text{Flèche} = \text{BS} = \dfrac{v_0^2 \sin^2\alpha}{2g}; \qquad \text{amplitude} = \dfrac{v_0^2 \sin 2\alpha}{g},$$

vitesse $= v_0^2 - 2gy$; accélération : seg. parallèle à yO et de longueur g.

Parabole de sûreté : $y = \dfrac{v_0^2}{2g} - \dfrac{g x^2}{2 v_0^2}.$

DYNAMIQUE

*ÉQUATION FONDAMENTALE DE LA DYNAMIQUE : $(F) = (m\gamma)$.

UNITÉS (C. G. S.) DE FORCE ET DE MASSE.

Gramme-masse ou masse du centimètre cube d'eau pure à 4°.
Dyne ou force capable de communiquer au gramme-masse une accélération de 1 centimètre.

1 kilogramme $= 10^5 \times 9,808$ dynes.

MOUVEMENT DU POINT SUR LE PLAN INCLINÉ POLI.

$$e = e_0 + v_0 t \pm \frac{1}{2} g \sin \alpha . t^2,$$
$$v = v_0 \pm g \sin \alpha . t,$$
$$v^2 - v_0 = \pm 2g \sin \alpha (e - e_0).$$

α, inclinaison du plan.
Le point est supposé en mouvement sur une ligne de pente sous l'action de son poids.

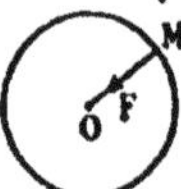

*FORCE CENTRIFUGE :

$$F = m \frac{v^2}{R} = m\omega^2 R.$$

TRAVAIL. — *Force constante et trajectoire rectiligne :*

$$T = F \times MM' \cos \alpha.$$

$\cos \alpha > 0$ travail *moteur,*
$\cos \alpha < 0$ travail *résistant.*

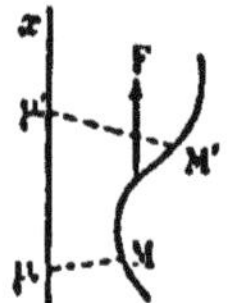

Force constante et trajectoire quelconque :

$$T = F \times \mu\mu'$$

($\mu\mu' = $ projection du déplacement sur direction de la force).

$$\begin{cases}
1 \textit{ (kilogrammètre)} = 1 \text{ (kilo)} \times 1 \text{ (mètre).} \\
1 \textit{ (erg)} \qquad = 1 \text{ (dyne)} \times 1 \text{ (centimètre).} \\
1 \textit{ joule} \qquad = 10^7 \text{ ergs.} \\
1 \textit{ cheval-vapeur} = \text{Puissance correspondant à un travail de } 75^{\text{kgm}} \text{ effectué en une seconde.} \\
1 \textit{ watt} \qquad = \text{Puissance correspondant au travail de 1 joule débité en une seconde.}
\end{cases}$$

FORCES VIVES.

$$\begin{cases}
\text{Force vive d'un point} = mv^2, \qquad \text{puissance vive} = \frac{1}{2} mv^2. \\[6pt]
\text{id.} \quad \text{système} = \Sigma mv^2, \qquad \text{id.} \qquad = \frac{1}{2} \Sigma v^2.
\end{cases}$$

$$\begin{cases}
\text{Système en mouvement de } \textit{translation} : \Sigma mv^2 = Mv^2. \\
\text{Id.} \qquad \text{id.} \qquad \textit{rotation} : \quad \Sigma mv^2 = I\omega^2. \\
(M = \text{masse totale}; \ I = \textit{moment d'inertie} \text{ par rapport à l'axe}; \ \omega = \text{vitesse angulaire de rotation).}
\end{cases}$$

THÉORÈME DES FORCES VIVES.

(Point)
$$\frac{1}{2} mv^2 - \frac{1}{2} mv_0^2 = T.$$

(Système)
$$\frac{1}{2} \Sigma mv^2 - \frac{1}{2} \Sigma mv_0^2 = \Sigma T_e + \Sigma T_i.$$

(ΣT_e, ΣT_i, somme des travaux des forces extérieures et des forces intérieures).

$\frac{1}{2} \Sigma mv^2 = $ *énergie actuelle* (ou de mouvement);

$- \Sigma T_i = $ *énergie potentielle* (ou de position);

$\frac{1}{2} \Sigma mv^2 - \Sigma T_i = $ *énergie totale.*

PENDULE SIMPLE.
$$T = \pi \sqrt{\frac{l}{g}}.$$

COSMOGRAPHIE

Soleil.

Volume.	1283720 fois celui de la terre.
Masse.	324439 fois celle de la terre.
Densité.	0,253
Rotation	25ʲ 4ʰ 29ᵐ
Parallaxe.	8″,80 } avec une erreur en plus ou en moins de 0″,06.
Diamètre apparent moyen	32′ 3″,64
Obliquité apparente de l'écliptique au 1ᵉʳ juillet 1899	23° 27′ 7″,67
Excentricité de l'écliptique	$\frac{1}{60}$

Planètes.

PLANÈTES	DURÉE des révolutions sidérales en jours moyens	DISTANCES moyennes AU SOLEIL	VOLUMES	MASSES	DURÉE de la ROTATION		
					h.	m.	s.
Mercure . . .	87,969258	0,3870987	0,052	0,061	24	0	50
Vénus. . . .	224,700787	0,7233322	0,975	0,787	23	21	22
Terre	365,256374	1,0000000	1	1	23	56	4
Mars	686,979646	1,5236913	0,147	0,105	24	37	23
Petites planètes	. . . .	. . . .	. . . .	. . . .	.	.	.
Jupiter . . .	4332,588171	5,202800	1279,412	308,990	9	55	37
Saturne . . .	10759,236360	9,538861	718,883	91,919	10	14	24
Uranus . . .	30688,39036	19,18329	69,237	13,518			
Neptune . . .	60181,11316	30,05508	54,955	16,469			

Terre.

Distance au soleil.	23 280 rayons terrestres ou 37 110 000 lieues.
Demi-grand axe ou rayon de l'équateur.	6378393ᵐ
Demi-petit axe ou rayon du pôle.	6356549ᵐ
Aplatissement.	$\frac{1}{293}$ environ.
Rayon de la terre supposée sphérique.	6371104ᵐ
Longueur de l'arc de 1° du méridien	111196,8

Durée moyenne des saisons.

Printemps	92ʲ 21ʰ	Automne.	89ʲ 19ʰ
Été	93ʲ 14ʰ	Hiver	89ʲ 0ʰ

Satellites des Planètes.

Nombre de satellites connus :

Terre : 1	Mars : 2	Jupiter : 4
Saturne : 8	Uranus : 4	Neptune : 1

Lune.

Distance à la terre. . . . . 60,273 rayons de la terre, ou 96109 lieues.

Volume . . . . $\dfrac{1}{50}$ de celui de la terre.

Masse . . . . $\dfrac{1}{77}$ de celle de la terre.

Révolution sidérale . . . . 27j 7h 43m 1s,5.

Révolution synodique . . . . 29j 12h 44m 2s,9.

Parallaxe . . . . 57′

Excentricité de l'orbite . . . . $\dfrac{1}{18}$

Diamètre apparent moyen . . . . 31′ 8″,18

Diamètre apparent d'un astre.

$$\varphi = \alpha \cos \delta$$

α, angle sous lequel l'astre est vu.

δ, déclinaison de son centre.

Relation entre le diamètre apparent d'un astre et sa distance à la terre.

$$\varphi d = \varphi' d' = \text{const.}$$

Parallaxe horizontale d'un astre.

$$p = \frac{z + z' - (\lambda + \lambda')}{2\sin \dfrac{z + z'}{2} \cos \dfrac{z - z'}{2}}$$

z et z', distances zénithales de l'astre en deux lieux situés sur un même méridien et de latitudes λ et λ'.

Relation entre les révolutions sidérales T, t (T > t) de deux planètes et leur révolution synodique s.

$$\frac{1}{T} = \frac{1}{t} - \frac{1}{s}.$$

Durées du jour et du crépuscule.

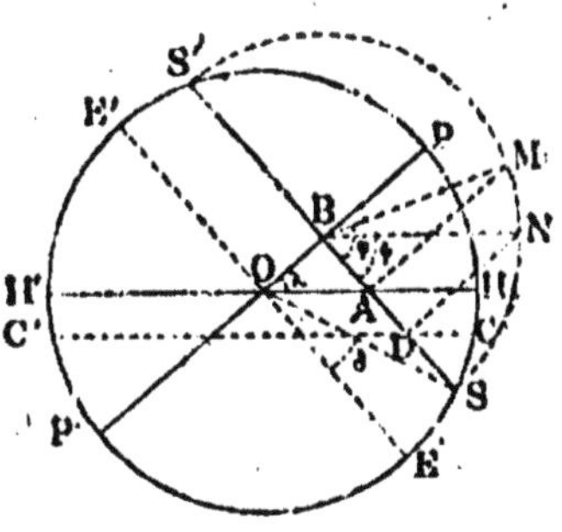

HH′, trace de l'horizon sur le méridien d'un lieu de latitude λ.

SS′, trace du parallèle de déclinaison δ décrit en un jour donné par le soleil.

CC′, trace du cercle crépusculaire situé à 18° au-dessous de l'horizon.

M, N, rabattements autour de SS′ des positions du soleil sur l'horizon et le cercle CC′.

φ, angle semi-nocturne SBM décrit par le soleil.

ψ, angle MBN du crépuscule.

$$\cos \varphi = \operatorname{tg} \lambda \operatorname{tg} \delta$$

$$\cos (\varphi - \psi) = \cos \varphi + \frac{\sin 18°}{\cos \lambda \cos \delta}.$$

PHYSIQUE

Système des unités absolues C. G. S.

Adopté en 1881 par le congrès des électriciens.

Trois unités fondamentales : centimètre, gramme-masse, seconde.

Les unités mécaniques dérivées sont :

Unité de vitesse C. G. S. : vitesse d'un mobile parcourant d'un mouvement uniforme un centimètre en une seconde.

Unité d'accélération C. G. S. : accroissement de vitesse de un cent. par seconde dans un mouvement uniformément accéléré. L'accélération g due à la pesanteur vaut 980,96 unités d'accélération C. G. S.

Unité de force C. G. S., appelée *dyne* : force qui imprime l'unité d'accélération à l'unité de masse. Le gramme-poids vaut 980,96 dynes.

Unité de travail C. G. S. ou *erg* : travail effectué par une dyne déplaçant son point d'application de un cent. dans sa direction. Le kilogrammètre (travail qu'il faut dépenser pour élever un poids de 1^k à 1^m de hauteur) vaut 98.096.000 ergs. On emploie aussi le *joule* $= 10^7$ ergs.

Unité de puissance C. G. S. : puissance d'un moteur qui fournit un erg par seconde. L'unité pratique est le *watt* (un joule par seconde). Le cheval-vapeur (travail de 75^{kgm} effectué dans une seconde) vaut 7 357 200 000 unités de puissance C. G. S.

PESANTEUR

Poids d'un corps : $P = mg$.

m, masse du corps ; g, accélération qu'il prend sous l'action de la pesanteur.

Lois de la chute libre des corps dans le vide.

Les corps tombent tous également vite ; leur mouvement est vertical et uniformément accéléré.

Loi DES VITESSES : $v = gt$ (Les vitesses sont proportionnelles aux temps).

Loi DES ESPACES : $e = \frac{1}{2}gt^2$. (Les espaces sont proportionnels aux carrés des temps.)

Machine d'Atwood. — Principe : $\gamma' = g\dfrac{m}{2M + m}$.

Corps lancés de haut en bas, avec une vitesse initiale v_0.

$$v = v_0 + gt, \qquad e = v_0 t + \frac{1}{2}gt^2.$$

En éliminant t : $\qquad v = \sqrt{v_0^2 + 2ge}.$

Corps lancés de bas en haut avec une vitesse initiale v_0.

$$v = v_0 - gt, \qquad e = v_0 t - \frac{1}{2}gt^2.$$

En éliminant t : $\qquad v = \sqrt{v_0^2 - 2ge}.$

Hauteur H de l'ascension : $\qquad H = \dfrac{v_0^2}{2g}$ $\left.\vphantom{\dfrac{v_0^2}{2g}}\right\}$ Ces deux formules s'obtiennent en exprimant que la vitesse v devient nulle.

Durée T de l'ascension : $\qquad T = \dfrac{v_0}{g}$

Lois des oscillations du pendule.

Elles sont contenues dans la formule

$$t = \pi \sqrt{\frac{l}{g}},$$

établie pour de petites amplitudes (ne dépassant pas quelques degrés).

On tire de là
$$g = \frac{\pi^2 l}{t^2},$$

formule qui permet d'évaluer l'intensité de la pesanteur en un lieu donné, quand on a mesuré l et t.

g varie avec la latitude et l'altitude; à Paris, $g = 9^m,8096$ pour une altitude de 72^m.

Balance.

Formule renfermant les conditions de sensibilité :

$$tg\,\alpha = \frac{pl}{\varpi d} \cdot \qquad\qquad \text{(Voir la Mécanique)}$$

Méthode des deux pesées ou de transposition :
$$x = \sqrt{MM'}.$$

Principes d'hydrostatique.

Principe de Pascal : $\dfrac{P}{P'} = \dfrac{S}{S'}.$ Pression en un point : $\pi = \lim. \dfrac{p}{\omega}.$

Théorème fondamental de la transmission des pressions dans les liquides pesants
$$\pi' = \pi + hdg.$$

Pression sur un fond horizontal : $P = SHdg$ (H, hauteur du liquide).

Pression sur une paroi plane latérale : $P = SHdg$ (H, distance du centre de gravité de la paroi au niveau du liquide).

Principe des vases communicants à deux liquides : $\dfrac{H}{H'} = \dfrac{D'}{D}$ (H et H' sont comptées au-dessus du niveau de séparation des liquides).

Principe d'Archimède : Poussée $= V.Dg$ (V volume du corps, D densité du liquide).

Poids spécifiques. Densités.

Poids spécifique absolu : $\pi = \dfrac{P}{V}.$ — Densité absolue: $\delta = \dfrac{M}{V}.$

Poids spécifique relatif : $p = \dfrac{\pi}{\pi'}.$ — Densité relative: $d = \dfrac{\delta}{\delta'}.$

P, M, V, poids, masse, volume d'un corps.

π' et δ', poids spécifique absolu et densité absolue de l'eau.

N. B. — A cause de $P = Mg$, on a $\pi = g\delta$; de même, $\pi' = g\delta'$, d'où $p = d$.
Dans le système métrique, par définition $\pi' = 1^{gr}$; alors
$$\delta = p = d = \frac{M}{V} = \frac{M}{M'}.$$

M' étant la masse d'un volume d'eau égal à celui du corps.

Graduation des aréomètres Baumé.

POUR DES LIQUIDES PLUS DENSES QUE L'EAU *(pèse-sels, pèse-acides,...)* :

0, point d'affleurement dans l'eau pure ; il est situé au haut de la tige.

15, — dans une solution de 15 part. de sel marin et de 85 d'eau.

On divise l'intervalle de 0 à 15 en 15 parties égales, et on prolonge la graduation.

Formules d'équilibre : dans l'eau, $M = Nv$; dans l'eau salée, $M = (N - 15)v \times 1,11$ dans un liquide de densité x, $M = (N - n)vx$.

M, masse de l'aréomètre ; N, nombre total de divisions ; v, vol. d'une division.

POUR DES LIQUIDES MOINS DENSES QUE L'EAU *(pèse-esprits, pèse-liqueurs,...)* :

0, point d'affleurement dans une solution de 10 parties de sel marin et de 90 d'eau ; ce point est au bas de la tige.

10, point d'affleurement dans l'eau pure.

On divise comme ci-dessus.

Pesanteur de l'air.

Pression atmosph. sur un centim. carré $= 1^{kg},033^{gr} = 1.013.000$ dynes ($H = 760^{mm}$).

Masse du litre d'air sec à $0°$ $= 1^{gr},293$ ($H = 760^{mm}$).

Correction barométrique : $H_0 = H \dfrac{1 + \lambda t}{1 + \Delta t}$; H, nombre de divisions lues sur l'échelle métallique ; λ, coefficient linéaire du métal de l'échelle ; Δ, coefficient de dilatation absolue du mercure.

Loi de Mariotte.

$$\frac{V}{V'} = \frac{H'}{H}, \text{ ou } VH = V'H' = \ldots = \text{constante}; \qquad \frac{D}{D'} = \frac{H}{H'}.$$

Lois du mélange des gaz.

$$1^{re} \text{ } Loi : P = p.\frac{v}{V} + p_1.\frac{v_1}{V} + \ldots + p_n.\frac{v_n}{V} = \frac{pv + p_1 v_1 + \ldots + p_n v_n}{V}.$$

$$2^o \text{ } Loi : V = v.\frac{p}{P} + v_1.\frac{p_1}{P} + \ldots + v_n.\frac{p_n}{P} = \frac{pv + p_1 v_1 + \ldots + p_n v_n}{P}.$$

$v, v_1, v_2, \ldots, v_n$, volumes respectifs des différents gaz aux pressions respectives $p, p_1, p_2, \ldots, p_n$.

V, volume du mélange gazeux sous la pression P.

Graduation du manomètre à air comprimé.

$$x = -\frac{P - l}{2} + \sqrt{\left(\frac{P - l}{2}\right)^2 + lH}.$$

l, longueur du tube depuis le niveau du mercure dans la cuvette (supposée invariable) jusqu'au sommet.

H, pression atmosphérique.

x, longueur occupée par l'air, dans le tube, sous une pression P.

Machine pneumatique.

Pression après n coups de piston.

$$H_n = H_0\left(\frac{V}{V+v}\right)$$

> V et v, volumes respectifs du récipient et du corps de pompe.
> H_0, pression initiale de l'air.
> n, nombre de coups de piston.

$$H_n = H_0\left(\frac{V}{V+v}\right)^n + H\frac{u}{v}\left[1 - \left(\frac{V}{V+v}\right)^n\right]$$

> Formule où il est tenu compte de l'espace nuisible (de capacité *u*), la pression atmosphérique étant H.

Pression limite

> Sans espace nuisible : il n'y a pas de limite au vide.
>
> Avec espace nuisible : $\quad f = H\dfrac{u}{v}$.
>
> Avec le dispositif Babinet : $f_1 = H.\dfrac{u}{v}.\dfrac{u_1}{v_1}$, ou $f_1 = H.\left(\dfrac{u}{v}\right)^2$.

Machine de compression.

Pression après n coups de piston.

$$H_n = H_0 + nH.\frac{v}{V}$$

> V, v, n, comme pour la machine pneumatique.
> H_0, pression initiale du gaz dans le récipient.
> H, pression supposée constante dans le réservoir.

$$H_n = H_0\left(\frac{V}{V+e}\right)^n + H.\frac{v}{e}\left[1 - \left(\frac{V}{V+e}\right)^n\right]$$

> Formule où il est tenu compte de l'espace nuisible, de capacité *e*.

Pression limite

> Sans espace nuisible : il n'y a pas de limite à la compression.
>
> Avec espace nuisible : $F = H.\dfrac{v}{e}$.

Pompes, siphon.

Travail dépensé dans l'ascension du piston d'une pompe aspirante amorcée :

$$T = S(h + h')hg \text{ ergs};$$

S, surface du piston en cent. carrés; *h*, hauteur du corps de pompe en cent.; *h'*, hauteur du tuyau d'aspiration en cent.

Formule du siphon fonctionnant dans un milieu de densité d :

$$R = s(h' - h)(D - d);$$

s, section du siphon; *h* et *h'*, hauteurs de la petite et de la grande branche au-dessus de la surface libre du liquide dans le vase correspondant; D, densité du liquide à transvaser; R, résultante des pressions exercées aux deux extrémités du siphon.

CHALEUR

Thermométrie.

Échelle centigrade : 0°, température de la glace fondante.

100°, température de la vapeur d'eau bouillante, à la pression de 760^{mm}.

Comparaison des trois échelles thermométriques.

Centigrade (0° — 100°)	Réaumur (0° — 80°)	Fahrenheit (32° — 212°)
100 C	80 R	180 F
$C = \frac{4}{5}R = \frac{9}{5}F$,	$R = \frac{5}{4}C = \frac{9}{4}F$,	$F = \frac{5}{9}C = \frac{4}{9}R$.

Formules de conversion des températures.

$$T_c = T_R \times \frac{5}{4} \qquad\qquad T_c = (T_F - 32) \times \frac{5}{9}$$

$$T_R = T_c \times \frac{4}{5} \qquad\qquad T_R = (T_F - 32) \times \frac{4}{9}$$

$$T_F = T_c \times \frac{9}{5} + 32 \qquad\qquad T_F = T_R \times \frac{9}{4} + 32$$

Dilatations.

1° Solides.

λ, coefficient de dilatation linéaire $\Big\}$ On a sensiblement $\quad K = 3\lambda$.
K, — — cubique

Les lettres l, S, V représentent des longueurs, des surfaces, des volumes de corps; les indices qui les affectent représentent les températures de ces corps.

DILATATIONS LINÉAIRES	DILATATIONS SUPERFICIELLES	DILATATIONS CUBIQUES
$l_t = l_0 (1 + \lambda t)$	$S_t = S_0 (1 + 2\lambda)$	$V_t = V_0 (1 + K t)$
$l_{t'} = l_t \dfrac{1 + \lambda t'}{1 + \lambda t}$	$S_{t'} = S_t \dfrac{1 + 2\lambda t'}{1 + 2\lambda t}$	$V_{t'} = V_t \dfrac{1 + K t'}{1 + K t}$
Formule approchée	*Formule approchée*	*Formule approchée*
$l_{t'} = l_t [1 + \lambda (t' - t)]$	$S_{t'} = S_t [1 + 2\lambda (t' - t)]$	$V_{t'} = V_t [1 + K (t' - t)]$

DENSITÉS : $\qquad D = \dfrac{D_0}{1 + K t} ; \qquad D_{t'} = D_t \dfrac{1 + K t}{1 + K t'}$.

Formule approchée : $\qquad D_{t'} = D_t [1 - K (t' - t)]$.

2° Liquides.

Coefficient de dilatation absolue du mercure $= \dfrac{1}{5550} = 0{,}00018$.

Coefficient de dilatation apparente du mercure

dans les verres ordinaires (en moyenne) $\quad = \dfrac{1}{6480}$

Principe : Le coefficient de dilatation absolue Δ d'un liquide égale sensiblement le coefficient de dilatation apparente D, augmenté du coefficient de l'enveloppe K :
$$\Delta = D + K, \text{ sensiblement.}$$

DILATATIONS : $\qquad V_t = V_0(1 + \Delta t) ; \qquad V_{t'} = V_t \dfrac{1 + \Delta t'}{1 + \Delta t}$.

Formule approchée : $\qquad V_{t'} = V_t [1 + \Delta (t' - t)]$.

DENSITÉS : mêmes formules que pour les solides.

THERMOMÈTRE A POIDS : *1re formule :* $\quad (M - m)(1 + \Delta t) = M(1 + k t)$;
M, masse du mercure contenue dans le thermomètre à $0°$; m, masse du mercure sortie à $t°$; Δ, coefficient absolu du mercure ; k, coefficient cubique du verre.

2me *formule :* $\quad \delta = \dfrac{m}{(M - m)t}$; δ, coefficient apparent du mercure.

3° Gaz.

Coefficient de dilatation de l'air, et des gaz en général $= 0{,}00367$.

(On l'exprime quelquefois aussi par $\dfrac{1}{273}$, valeur qui diffère peu de la précédente.)

1° La pression ne variant pas :

DILATATIONS : $V_t = V_0(1 + \alpha t) \qquad\qquad V_{t'} = V_t \dfrac{1 + \alpha t'}{1 + \alpha t}$;

d'où $\qquad\qquad V_0 = \dfrac{V_t}{1 + \alpha t} = \dfrac{V_{t'}}{1 + \alpha t'} = \cdots$

Densités :
$$D_t = \frac{D_0}{1 + \alpha t}, \qquad\qquad D_t' = D_t\,\frac{1 + \alpha t}{1 + \alpha t'};$$

d'où
$$D_0 = D_t(1 + \alpha t) = D_t'(1 + \alpha t') = \ldots$$

2° *La pression variant :*

Dilatations :
$$V_t = V_0\frac{H_0}{H}(1 + \alpha t), \qquad V_t' = V_t\,\frac{H}{H'}\cdot\frac{1 + \alpha t'}{1 + \alpha t};$$

d'où
$$V_0 H_0 = \frac{V_t H}{1 + \alpha t} = \frac{V_t' H'}{1 + \alpha t'} = \ldots$$

Densités :
$$D_t = \frac{D_0}{1 + \alpha t}\cdot\frac{H}{H_0}, \qquad\qquad D_t' = D_t\,\frac{H'}{H}\cdot\frac{1 + \alpha t}{1 + \alpha t'}.$$

Gaz ramené au volume normal (à 0° et à 760^{mm})
$$V_0 = V_t\cdot\frac{H}{760}\cdot\frac{1}{1 + \alpha t}.$$

Densité absolue d'un gaz à $t°$ et sous la pression H,

d étant la densité à 0° et à 760^{mm} :
$$D_t = d\cdot\frac{H}{760}\cdot\frac{1}{1 + \alpha t}.$$

Masse d'un volume de gaz sec :
$$M = V_t.d.1{,}293\cdot\frac{H}{760}\cdot\frac{1}{1 + \alpha t}.$$

Thermomètre a air; $M(1 + kT)H = (M - m)(H' - h)$;
  M, masse du mercure contenue dans l'appareil à 0°; H, pression atmosphérique au moment de la fermeture à T°; m, masse du mercure entrée à 0°; h, hauteur de ce mercure; H', pression atmosphérique à ce moment.

Hygrométrie.

État hygrométrique : $e = \dfrac{m}{M} = \dfrac{f}{F}$; on en tire $f = Fe$.

Air humide
$$\text{Masse de la vapeur}\quad m = V.1{,}293.\frac{5}{8}\cdot\frac{Fe}{760}\cdot\frac{1}{1 + \alpha t}$$
$$\text{Masse de l'air sec}\quad m' = V.1{,}293.\frac{H - Fe}{760}\cdot\frac{1}{1 + \alpha t}$$
$$\text{Masse totale}\quad M = V.1{,}293.\frac{H - \dfrac{3}{8}Fe}{760}\cdot\frac{1}{1 + \alpha t}$$

Gaz humide
$$\text{Masse de la vapeur}\quad m = V.1{,}293.\frac{5}{8}\cdot\frac{Fe}{760}\cdot\frac{1}{1 + \alpha t}$$
$$\text{Masse du gaz sec}\quad m' = V.1{,}293.d.\frac{H - Fe}{760}\cdot\frac{1}{1 + \alpha t}$$
$$\text{Masse totale}\quad M = V.1{,}293.\frac{Hd - Fe\left(d - \dfrac{5}{8}\right)}{760}\cdot\frac{1}{1 + \alpha t}$$

Chaleurs spécifiques.

Unité de chaleur ou *calorie :* quantité de chaleur nécessaire pour élever de 0° à 1° la température d'un gramme-masse d'eau (petite calorie).

Méthode des mélanges : $(Mx + M'c')(T - \theta) = (E + m)(\theta - t)$.
  M, x, T : masse, chaleur spécifique, température du corps;
  M', c' : masse, chaleur spécifique de la corbeille qui le contient; θ, température finale; m, masse de l'eau; t, sa température; E, équivalent en eau du calorimètre et du thermomètre.

Loi de Dulong et Petit : $C \times P =$ constante (5,8 à 6,9).

C, chaleur spécifique à l'état solide ; P, poids atomique d'un corps simple.

Chaleur spécifique de l'air :

sous pression constante : $C = 0,238$;

sous volume constant : $c = 0,170$.

Rapport $\dfrac{C}{c}$ déterminé directement :   1,4.

Chaleurs de fusion et de vaporisation.

Détermination de la chaleur de fusion de la glace :

$Mx + M\theta = M'(t - \theta)$; M, masse de glace fondue ; x, sa chaleur de fusion ; θ, température finale ; M', masse de l'eau et du calorimètre réduit en eau.

Chaleur de fusion de la glace. . . . . 80^{cal}

Chaleur de vaporisation de l'eau à 100° . . . . 537^{cal}

Chaleur *totale* de vaporisation de l'eau à 100° . . . . 637^{cal}

N. B. — La formule de Regnault :

$$Q = 606,5 + 0,305T,$$

donne la chaleur *totale* Q de vaporisation de l'eau à la température T.

La chaleur latente de vaporisation λ à cette température est

$$\lambda = 606,5 - 0,695T.$$

Équivalent mécanique de la chaleur : $E = 425^{kgm}$.

Équivalent calorifique du travail : $\dfrac{1}{E} = \dfrac{1}{425}$ de grande calorie.

Dans le système d'unités C.G.S. $E = 417 \times 10^5$ ergs ; $\dfrac{1}{E} = \dfrac{1}{417 \times 109}$ de petite calorie.

ÉLECTRICITÉ ET MAGNÉTISME

Magnétisme.

Deux pôles : pôle nord, pôle sud.

Loi de Coulomb : $f = \pm \dfrac{mm'}{d^2}$ dynes (+, répulsion ; —, attraction).

f, force s'exerçant entre deux pôles de masses m et m', situés à une distance d.

Unité de masse magnétique : masse d'un pôle qui, agissant sur un pôle identique placé à un centimètre exercerait une répulsion égale à une dyne.

Électricité statique.

Loi de Coulomb : $f = \pm \dfrac{qq'}{d^2}$ dynes (+, répulsion ; —, attraction).

f, force s'exerçant entre deux quantités d'électricité q et q', situées à une distance d.

Potentiel en un point : $V = \dfrac{q}{r}$

q, masse électrique agissant sur le point à la distance r.

Potentiel d'un conducteur quelconque : $V = \dfrac{Q}{C}$

Q, charge électrique totale du conducteur.

C, capacité électrique du conducteur, qui dépend à la fois du conducteur et du champ électrique où il se trouve.

Potentiel d'une sphère : $V = \dfrac{Q}{R}$

Q, charge électrique totale de la sphère de rayon R.

Capacité d'un condensateur sphérique $C = \dfrac{KS}{4\pi e}$;

K,   pouvoir inducteur spécifique du diélectrique;
S,   surface du condensateur; *e*, épaisseur du diélectrique.

Energie électrique d'un conducteur : $W = \dfrac{QV}{2} = \dfrac{1}{2} CV^2.$

UNITÉS ÉLECTROSTATIQUES C. G. S.

1° *Unité de masse électrique* ou de quantité : quantité qui, agissant sur une charge égale située à un cent., produit une répulsion d'une dyne. L'unité pratique ou *coulomb* vaut 3×10^9 unités électrostatiques C. G. S.

2° *Unité de potentiel :* potentiel d'une sphère conductrice de un cent. de rayon, chargée de l'unité de masse électrique. L'unité pratique, ou *volt*, vaut $\dfrac{1}{3 \times 10^2}$ unités électrostatiques C. G. S.

3° *Unité de capacité :* capacité d'une sphère conductrice de 1 cent. de rayon et isolée. Le *farad* est l'unité pratique; il vaut $3^2 \times 10^{11}$ unités électrostatiques C. G. S.

Électricité dynamique.

Loi d'Ampère. — Le pôle *nord* d'une aiguille aimantée est dévié à la *gauche* du courant.

Courants d'Ampère. — Si on se place en face du pôle *nord*, les courants d'Ampère paraissent dirigés en *sens inverse* du mouvement des aiguilles d'une montre.

Courant terrestre. — Il agirait dans le plan de l'équateur magnétique, et de *l'est à l'ouest.*

Résistance des conducteurs : $r = \dfrac{l}{cs}.$

l, longueur du conducteur, de section *s*.
c, coefficient de conductibilité.

Méthode du pont de Wheatstone : Les produits des résistances des côtés opposés du losange doivent être égaux pour qu'il ne passe aucun courant dans le pont : $r'r'' = rr'''.$

Force électromotrice. — *Loi d'Ohm :* $I(R + r) = E$ (constante).
I, intensité du courant.
R, résistance intérieure de la pile; r, résistance du circuit extérieur.
E, quantité constante, caractéristique de la pile et qu'on nomme force électromotrice.

Courants dérivés : Pour une dérivation, on a (lois de Kirchoff) : $I = i + i'$; $ir = i'r'$; $E = IR + ir$; I, intensité dans le circuit principal, de résistance R; *i* et *i'*, intensités des deux courants dérivés, de résistances r et r'.

Association des piles en nombre n:

1° En série, ou en tension : $I = \dfrac{nE}{nR + r}$ (convient pour r très grand);

2° En batterie, ou en surface (éléments multiples) :
$$I = \dfrac{nE}{R + nr} \text{ (convient pour } r \text{ très petit);}$$

3° Par couplage mixte : $n = pq$ (*p* éléments par série et *q* séries)
$$I = \dfrac{pE}{\dfrac{p}{q}R + r}.$$

N. B. — Effet maximum : Résistance intérieure égale résistance extérieure
$$r = \dfrac{p}{q}R, \qquad \text{d'où} \quad \dfrac{p}{q} = \dfrac{r}{R}.$$

Loi de Joule : $q = \dfrac{1}{A} RI^2 t$; *q*, quantité de chaleur dégagée par le courant dans le conducteur en *t* secondes; A, équivalent mécanique de la chaleur; R, résistance; I, intensité du courant.

UNITÉS ÉLECTROMAGNÉTIQUES C. G. S.

Les unités absolues ne conviennent pas en pratique; on emploie des unités dérivées:

L'*ohm* vaut 10^9 unités abs. ,lues *é – m.* de résistance ; c'est la résistance opposée à un courant électrique constant par une colonne de mercure de $14^{ks},4521$, et d'une longueur de $106^{cm},3$ à $0°$.

L'*ampère*, unité pratique d'intensité, vaut $\frac{1}{10}$ d'unité absolue *é – m.* ; il correspond au débit d'*un coulomb* par seconde; un coulomb met en liberté $0^{mmc},01035$ d'hydrogène dans un voltamètre.

Le *volt*, unité pratique de force électromotrice, est celle d'une pile produisant un courant d'un ampère dans un circuit ayant un ohm de résistance ; un élément Daniell a sensiblement un volt de force électromotrice. Le volt $= 10^8$ unités absolues *é – m.*

OPTIQUE

Photométrie.

1° Lumière émise par une source et reçue par une surface plane.

Loi de la distance : $\dfrac{i}{i'} = \dfrac{d'^2}{d^2}$ ou $id^2 = i'd'^2 = \ldots\ldots = $ constante.

Loi du cosinus : $\dfrac{i}{i'} = \dfrac{\cos \alpha}{\cos \alpha'}$ ou $\dfrac{i}{\cos \alpha} = \dfrac{i'}{\cos \alpha'} = \ldots\ldots = $ constante.

2° Comparaison de deux lumières éclairant de la même manière une même surface.

Principe du photomètre : $\dfrac{I}{I'} = \dfrac{D^2}{D'^2}$.

Miroirs sphériques.

Concaves.	*Convexes.*

r, rayon de courbure; $f = \dfrac{r}{2}$, distance focale principale.

p et p', distances de l'objet et de l'image au miroir.

Relation de position entre un objet et son image.

$$\frac{1}{p'} + \frac{1}{p} = \frac{1}{f} \qquad\qquad \frac{1}{p'} - \frac{1}{p} = \frac{1}{f}$$

Rapport de grandeur entre une image et l'objet.

$$\frac{Image}{Objet} \text{ ou } \frac{I}{O} = \frac{p'}{p} = \frac{f}{p-f} \qquad\qquad \frac{I}{O} = \frac{p'}{p} = \frac{f}{p+f}$$

N. B. — Aux valeurs négatives de p' correspondent des images virtuelles.   *N. B.* — Les images des objets réels sont toujours virtuelles (*Ex.* : boule de jardin).

Formule de Newton : $dd' = f^2$; d, d', distances d'un point lumineux et de son foyer conjugué au foyer principal.

Réfraction.

Loi de Descartes : $\dfrac{\sin i}{\sin r} = n$. Angle limite λ : $\sin \lambda = \dfrac{1}{n}$.

Formules du prisme $\begin{cases} \sin i = n\sin r,\ \sin i' = n\sin r' \\ A = r + r' \\ d = i + i' - A \end{cases}$ Déviation minimum $\begin{cases} i = i',\ r = r' \\ d = \delta \end{cases}$ $\begin{cases} \sin i = n\sin r \\ A = 2r \\ \delta = 2i - A. \end{cases}$

Formule qui donne l'indice de réfraction d'une substance : $n = \dfrac{\sin \dfrac{A + \delta}{2}}{\sin \dfrac{A}{2}}$

Lentilles.

| Convergentes. | Divergentes. |

f, distance focale principale.
p et p', distances de l'objet et de l'image à la lentille.

$$\frac{1}{p'} + \frac{1}{p} = \frac{1}{f} \qquad\qquad \frac{1}{p'} - \frac{1}{p} = \frac{1}{f}$$

$$\frac{I}{O} = \frac{p'}{p} = \frac{f}{p-f} \qquad\qquad \frac{I}{O} = \frac{p'}{p} = \frac{f}{p+f}$$

N. B. — Aux valeurs négatives de p' correspondent des images virtuelles. | *N. B.* — Les images des objets réels sont toujours virtuelles.

Instruments d'optique.

Loupe : Grossissement pour l'œil placé contre la loupe : $G = 1 + \dfrac{\Delta}{f}$ ou sensiblement $\dfrac{\Delta}{f}$, puisque f est très petit ; Δ, distance minimum de la vision distincte.

Puissance $P = AB\left(\dfrac{1}{\Delta} + \dfrac{1}{f}\right)$ ou sensiblement $\dfrac{AB}{f}$; AB, dimension linéaire de l'objet (l'œil est encore supposé contre la loupe).

Microscope composé : Le grossissement est le produit du grossissement de l'objectif par le grossissement de l'oculaire ; la puissance, le produit du grossissement de l'objectif par la puissance de l'oculaire.

Lunette astronomique : Grossissement : $G = \dfrac{F}{f}$; F, f, distances focales de l'objectif et de l'oculaire.

Télescope de Newton : Grossissement : $G = \dfrac{F}{f}$; F, f, distances focales du miroir concave et de l'oculaire.

N. B. — En appliquant aux divers cas la *convention cartésienne* pour la signification et l'interprétation des signes, les formules relatives aux miroirs et aux lentilles se réduisent à une seule pour chaque espèce de système optique. Les formules relatives aux lentilles sont même applicables à des systèmes formés de plusieurs lentilles, comme les instruments d'optique. (Voir l'ouvrage de M. Gariel : *Études d'optique géométrique*, où l'auteur n'emprunte que des considérations de géométrie élémentaire pour la démonstration de toutes les questions de cet ordre. Il a ajouté un chapitre supplémentaire où les mêmes questions sont traitées par la géométrie analytique.)

ACOUSTIQUE

Vitesse du son.

Dans l'air. — À la température de　0 degré,　331ᵐ par seconde environ.
　　　　　　　　　　—　　　　　　　16 degrés,　341ᵐ　　　　—
　　　　　　　　　　—　　　　　　　t degrés,　331ᵐ$\sqrt{1 + \alpha t}$ par seconde.

La vitesse du son est indépendante de la pression atmosphérique.

Dans l'eau. — À la température de 8 degrés, 1435ᵐ par seconde.

Dans la fonte. — Environ 10 fois ½ supérieure à la vitesse dans l'air.

Hauteur du son.

Diapason normal, ou la_3 = 435 vibrations doubles par seconde.

Lois des vibrations transversales des cordes.

$$n = \frac{1}{2\mathit{l}}\sqrt{\frac{g\mathrm{M}}{\pi\mathit{d}}}.$$

n, nombre, par seconde, des vibrations doubles d'une corde tendue par une masse M et ayant pour rayon r, pour longueur l et pour densité d.

M est exprimée en grammes; r, l, g en centimètres.

Gamme et intervalles musicaux.

Gamme diatonique.

Notes	ut	ré	mi	fa	sol	la	si	ut (octave)
Nombre relatif de vibrations	1	$\frac{9}{8}$	$\frac{5}{4}$	$\frac{4}{3}$	$\frac{3}{2}$	$\frac{5}{3}$	$\frac{15}{8}$	2
Intervalles		$\frac{9}{8}$	$\frac{10}{9}$	$\frac{16}{15}$	$\frac{9}{8}$	$\frac{10}{9}$	$\frac{9}{8}$	$\frac{16}{15}$

Dièse : $sol^{\#} = sol \times \frac{25}{24}$. Bémol : $mi^{\flat} = mi \times \frac{24}{25}$.

Ton $\begin{cases} \text{majeur } \frac{9}{8} \\ \text{mineur } \frac{10}{9} \end{cases}$ Demi-ton $\begin{cases} \text{majeur } \frac{16}{15} \\ \text{mineur } \frac{25}{24} \end{cases}$

Tierce $\begin{cases} \text{majeure } \frac{5}{4} \\ \text{mineure } \frac{6}{5} \end{cases}$ Quarte : $\frac{4}{3}$ Quinte : $\frac{3}{2}$

Sixte $\begin{cases} \text{majeure } \frac{5}{3} \\ \text{mineure } \frac{8}{5} \end{cases}$ Septième : $\frac{15}{8}$ Octave : 2

Intervalle entre un ton majeur et un ton mineur (comma) : $\frac{81}{80}$.

CHIMIE

CHIMIE GÉNÉRALE

Lois des combinaisons : Le poids d'un composé est égal à la somme des poids des composants. — Deux corps s'unissent toujours dans des proportions invariables pour former un composé déterminé. — Lorsque deux corps forment plusieurs composés, les poids de l'un qui s'unissent à un même poids de l'autre sont entre eux dans des rapports simples. — Les volumes de deux gaz formant un composé gazeux sont dans un rapport simple, et le volume du composé est dans un rapport simple avec les volumes des composants.

Poids moléculaires des gaz et vapeurs simples ou composés : poids de deux vol. du gaz ou de la vapeur comparé au poids d'un volume d'hydrogène pris pour unité (11 lit., 11) : $m = \dfrac{2d}{0,069} = d \times 28{,}88$; m, poids moléculaire; d, densité.

Poids atomiques : Quand un corps simple forme des composés gazeux ou volatils, son poids atomique a est le plus grand commun diviseur des poids de ce corps entrant dans la molécule de ses composés. Dans le cas contraire, on fixe a par la loi de Dulong (V. *Physique*) $a = \dfrac{6,4}{c}$; c, chaleur spécifique.

Principe du travail maximum. — Tout changement chimique accompli sans l'intervention d'une énergie étrangère (chaleur, lumière, électricité) tend vers la production du corps ou du système de corps qui dégage le plus de chaleur.

MÉTALLOÏDES : Préparations, propriétés, classification Dumas modifiée.

		(1)	(2)	(3)	
HYDROGÈNE	H	2	1		Gaz incolore, inodore, insipide ; le plus léger : $d = 0{,}0695$; peu soluble dans l'eau : $S = 0{,}019$; très diffusif; obtenu en un liquide transparent et incolore.

Gaz incolore, inodore, insipide ; le plus léger : $d = 0{,}0695$; peu soluble dans l'eau : $S = 0{,}019$; très diffusif; obtenu en un liquide transparent et incolore.

C'est un véritable métal gazeux, il donne des alliages. Très combustible : flamme pâle, très chaude. Mélanges détonants. Réducteur à chaud ou à l'état naissant.

PRÉP.

1° $3Fe + 4H^2O = Fe^3O^4 + 8H.$ Fils de fer dans un tube de grès porté au rouge et traversé par de la vapeur d'eau.

2° $Zn^\bullet + SO^4H^2 = SO^4Zn + 2H.$ Flacon bitubulé; l'acide doit être étendu.

     " ou Fe

$Zn^\bullet + 2HCl = ZnCl^2 + 2H.$

Purification : Deux flacons laveurs : 1° solution saturée de permanganate de potassium pour AsH^3 et PH^3; 2° solution de soude pour H^2S.

(1) Symbole. — (2) Poids moléculaire. — (3) Poids atomique.

Famille	Corps				Caractères et préparation
PREMIÈRE FAMILLE	**CHLORE**	Cl	71	35,5	**Gaz** jaune verdâtre, odeur suffocante; très lourd : $d = 2,44$; assez soluble : $S_e = 3$; liquéfié à — 40°, ou à 15° à 4 atm., au moyen des cristaux d'hydrate $Cl + 5H^2O$. Corps doué d'actions chimiques énergiques; actions directes avec H. S. P. As, avec tous les métaux. Phénomènes de substitution et d'addition avec les matières organiques. Décolorant et désinfectant. PRÉP. 1° $MnO^2 + 4HCl = MnCl^2 + 2H^2O + 2Cl$. *Procédé de Scheele*. On chauffe légèrement dans un ballon de verre le bioxyde et l'acide. 2° $MnO^2 + 2NaCl + 3 SO^4H^2 = SO^4Mn + 2SO^4NaH + 2H^2O + 2Cl$. *Procédé de Berthollet*. Même appareil. Le gaz desséché par $CaCl^2$ est recueilli *directement*; la dissolution (eau de chlore) s'obtient par l'appareil de Woolf.
	BROME	Br	160	80	**Liquide** rouge brun, odeur irritante; $d = 2,97$. Soluble dans le chloroforme, l'éther et le sulfure de carbone. Bout à 63°. Brûlures douloureuses. Propriétés chimiques analogues à celles du chlore. PRÉP. *Par le procédé Berthollet*. KBr remplace NaCl. On opère au bain-marie dans une cornue suivie d'un ballon de condensation.
	IODE	I	254	127	**Solide** en paillettes gris de fer, odeur désagréable; $d = 4,95$. Fond à 113°, bout vers 180° en donnant des vapeurs violettes; soluble dans l'alcool, dans CS^2.... Colore la peau en jaune. Se sublime. PRÉP. 1° $NaI + Cl = NaCl + I$. Dans certaines eaux-mères, on déplace l'iode par le chlore. On lave l'iode et on le sublime. 2° *Par le procédé Berthollet*. KI remplace NaCl. On opère comme pour le brome : la cornue et le récipient de condensation sont en grès.
	FLUOR	Fl	38	19	**Gaz** d'une grande énergie chimique, isolé en 1886 en électrolysant l'acide fluorhydrique. Faible coloration jaune verdâtre, odeur très désagréable; il irrite la gorge et les yeux.
DEUXIÈME FAMILLE	**OXYGÈNE**	O	32	16	**Gaz** incolore, inodore, insipide; $d = 1,105$; peu soluble : $S = 0,041$; liquéfié à — 136° et 22 atm,5; absorbable par l'acide pyrogallique additionné de potasse; absorbable également par le phosphore. Corps le plus électro-négatif. Éminemment comburant : combustions vives, combustions lentes, respiration. Rallume une allumette présentant un point rouge. PRÉP. 1° $3MnO^2 = Mn^3O^4 + 2O$. Calcination au rouge dans une cornue de grès. Tube de sûreté. Impuretés : CO^2 et Az. 2° $2(ClO^3K) = KCl + ClO^4K + 2O$. Si on élève la température : $ClO^4K = KCl + 4O$. Chauffer dans une cornue ou dans un ballon de verre. Il est bon d'ajouter MnO^2 ou mieux Mn^3O^4. 3° $Cr^2O^7K^2 + SO^4H^2 = SO^4K^2 + (SO^4)^3Cr^2 + 4H^2O + 3O$. Chauffer le bichromate et l'acide concentré dans un ballon de verre.

Famille	Corps				Caractères et préparation
SECONDE					**Ozone.** — Gaz bleu, odeur pénétrante rappelant celle de la marée; $d = 1,657$ (1 fois 1/2 oxygène); liquéfié en un liquide bleu indigo. Actions chimiques énergiques ou singulières. La chaleur le décompose à 250°. Il colore en bleu un papier ioduro-amidonné. PRÉP. 1° Oxydations lentes : *Ex.* P; 2° $SO^4H^2 + BaO^2 = SO^4Ba + H^2O + O$ (Ozone). 3° Électricité : pile, étincelles, effluve. Trois vol. d'oxygène donnent par condensation deux vol. d'ozone.
	SOUFRE	S	64	32	**Solide** jaune citron, insipide, dur, inodore et cassant. Insoluble dans l'eau. Soluble en grande quantité dans la benzine, le sulfure de carbone. Électrisable. *Octaédrique*. État natif, $d = 2,07$; fond à 113°. — *Prismatique*. Obtenu par fusion, $d = 1,97$, fond à 117°,4. — *Amorphe*. Insoluble dans CS^2; $d = 2,06$. — *Mou*. Obtenu en coulant dans l'eau le soufre à 230°; redevient dur et cassant. Le soufre se volatilise à 440°, d de vapeur $= 2,22$ à 860°. — Propriétés curieuses du soufre fondu : à 200° brun et grande viscosité. Le soufre est combustible, vis-à-vis de O,Cl,Br,I, — comburant vis-à-vis des autres corps : ses analogies avec l'oxygène. Il brûle avec une flamme bleue et donne SO^2.
	SÉLÉNIUM	Se	158	79	**Solide** sous divers états allotropiques : vitreux, cristallin, floconneux. $d = 4,3$; 4,8. Fond vers 215°, bout vers 665°. Brûle avec une flamme bleue et donne SeO^2.
	TELLURE	Te	252	126	**Solide**, aspect de l'étain, mais gris d'acier. $d = 6,25$. Fond à 400°, se volatilise au rouge. Brûle avec une flamme bleue et donne TeO^2.
TROISIÈME FAMILLE	**AZOTE**	Az	28	14	**Gaz** incolore, inodore, insipide; $d = 0,97$. Peu soluble : $S = 0,020$; liquéfié en un liquide incolore qui bout à — 194°. Il entre dans l'air pour 79,2 % en volume et pour 77 % en poids. Il se combine directement à Ti, Bo, Mg par la chaleur; à O,H par les étincelles ou l'effluve. Il n'entretient ni la combustion, ni la respiration. PRÉP. 1° Retiré de l'air. *a)* par le phosphore à froid ou à chaud. *b)* par le cuivre chauffé. Ces corps s'unissent à l'oxygène et laissent l'azote. 2° $AzO^2(AzH^4) = 2Az + 2H^2O$. L'azotite d'ammonium est chauffé avec précaution dans une cornue de verre; il ne reste rien. 3° $AzH^4Cl + AzO^2K = 2Az + 2H^2O + KCl$. Le mélange de sel ammoniac et d'azotite de potassium est chauffé dans une cornue de verre.
	PHOSPHORE	P	124	31	**Solide**, couleur ambrée, translucide, mou, flexible. Goût âcre; $d = 1,83$. Fond à 44°,2 (surfusion 30°). Bout à 290°. Très soluble dans CS^2, dans benzine. Poison violent. Attaqué par les solutions alcalines. *Phosphore rouge* : Amorphe ou cristallisé; $d = 1,96$ à 2,34. Ne fond pas, mais se transforme. Insoluble dans CS^2. N'est pas vénéneux.

TROISIÈME FAMILLE					Prép. $\left\{\begin{array}{l}(PO^4)^2Ca^3 + 2SO^4H^2 = 2SO^4Ca + (PO^4)^2H^4Ca.\\ 3(PO^3)^2Ca + 10C = (PO^4)^2Ca^3 + 10CO + 4P.\end{array}\right.$ *Théorie.* — Les os calcinés à l'air donnent du carbonate de calcium et du phosphate tricalcique qui n'est pas décomposable par le charbon. — Une partie de l'acide sulfurique transforme le carbonate de calcium en sulfate de calcium insoluble. Une autre partie de l'acide sulfurique enlève les $\frac{2}{3}$ du calcium du phosphate tricalcique et le transforme en phosphate monocalcique décomposable par le charbon. On décante, on concentre et on fait avec du charbon une pâte qu'on calcine d'abord au rouge sombre pour transformer le phosphate monocalcique en métaphosphate; puis la masse obtenue est concassée et portée au rouge vif dans des cylindres en terre. Le P distille et se condense dans des récipients pleins d'eau; on le purifie en le forçant à passer à travers une cloison poreuse recouverte de noir animal.
	ARSENIC . .	As	300	75	Solide gris de fer, éclat métallique; cassant; $d = 5,7$. Se sublime sans fondre à 180°; fusion en tube scellé. Donne une odeur d'ail sur des charbons. Prép. FeAsS = FeS + As. On calcine le mispickel (Mispickel) dans des cornues; l'arsenic vient se déposer dans des cylindres supérieurs.
	ANTIMOINE	Sb	480	120	Solide blanc d'argent, très cassant. Fond à 425°, se volatilise au rouge vif. Allié aux métaux, leur donne de la dureté. $d = 6,7$.
QUATRIÈME FAMILLE	CARBONE . .	C	?	12	*Propriétés générales :* Solide, infusible et fixe (sauf par l'emploi d'une pile de 500 éléments). Soluble dans la fonte de fer en fusion. Combustible et réducteur. *Charbons naturels :* Diamant, $d = 3,50$; graphite, $d = 2,25$; anthracite, $d = 2$; houille, $d = 1,16$ à 1,60; lignite (jais naturel); tourbe. *Charbons artificiels :* Charbon des cornues (à gaz); coke; charbon de bois: noir de fumée; noir animal (os calcinés en vase clos).
	SILICIUM . .	Si	?	28	Solide. 1° *Amorphe :* poudre brune, fusible; 2° *graphitoïde :* lamelles hexagonales, gris de plomb. 3° *cristallisé :* octaèdres, gris de plomb; $d = 2,50$; fond vers 1200°. Prép. du silicium amorphe : $SiFl^6K^2 + 4Na = Si + 2KFl + 4NaFl$.
CINQUIÈME FAMILLE	BORE . . .	Bo	?	11	Solide. 1° Amorphe; 2° Cristallisé sous forme de borures d'aluminium et de carbures de bore. — Combustible; absorbe l'azote au rouge; soluble dans l'aluminium. Prép. $2Bo^2O^3 + 3Na = 3BoO^2Na + Bo$. Les corps sont mélangés avec du sel marin fondu et projetés dans un creuset de fer porté au rouge.

	(1)	(2)	
			1re Section : *Métaux décomposant l'eau à froid.* Leurs oxydes sont irréductibles par la chaleur. 1° Alcalis : fusibles et très solubles. 2° Terres alcalines : infusibles et peu solubles.
SODIUM	Na	23	. . . . Mou; éclat argentin s'altérant à l'air humide. Fond à 96°; volatil au rouge. $d = 0,97$. Brûle avec une lumière jaune.
POTASSIUM . .	K	39	. . . . Mou; la coupure fraîche a l'éclat de l'argent, elle se ternit rapidement même à l'air sec. Fond à 62°,5, volatil au rouge. $d = 0,865$. Brûle avec une flamme violette.
CALCIUM . . . STRONTIUM. . . BARYUM	Ca Sr Ba	40 87,6 137	. . . . Ces trois métaux ont de grandes analogies; ils ont l'éclat de l'argent et une couleur plus ou moins jaune; ils se voient rarement. Leurs oxydes sont les terres alcalines.
			2e Section : *Métaux décomposant l'eau au-dessus de 50°.* Leurs oxydes sont irréductibles par la chaleur et se forment directement.
MAGNÉSIUM . .	Mg	24,4	. . . . Blanc d'argent, malléable mais peu tenace. Brûle avec éclat. Ce métal est très léger : $d = 1,75$.
MANGANÈSE . .	Mn	55	. . . . Gris blanchâtre. $d = 8$ environ. Altérable à l'air humide. Il décompose l'eau à 100°. Il n'est pas magnétique. Il se voit rarement.
			3e Section : *Métaux décomposant l'eau au rouge sombre, et les acides étendus à froid.* Leurs oxydes inférieurs sont basiques, irréductibles par la chaleur et se forment directement. (Le zinc ne forme qu'un oxyde.)
FER	Fe	56	. . . . Blanc un peu violacé, ductile, malléable, très tenace. Fond de 1500 à 1600°, après avoir été pâteux. $d = 7,25$, pour le fer fondu; forgé, $d = 7,40$ à 7,85. Importantes propriétés magnétiques.
NICKEL	Ni	59	. . . . Blanc gris, très dur, cassure fibreuse, ductile et malléable. Moins fusible que le fer. $d = 8,3$ pour le métal fondu; forgé, $d = 8,7$. Magnétique.
COBALT	Co	59	. . . . Blanc d'argent, très malléable, le plus tenace des métaux. Fusible comme le fer. $d = 8,6$. Magnétique.
ZINC	Zn	65	. . . . Blanc légèrement bleuâtre, cassure cristalline. Fond à 410°, bout à 930°. $d = 6,87$; par le martelage, $d = 7,2$. Brûle à l'air avec une flamme éclatante verte.
CHROME	Cr	52,4	. . . . Gris d'acier, brillant, dureté du corindon, très tenace. $d = 6$. Il se voit rarement.
			4e Section : *Métal décomposant l'eau au rouge vif, ou à 100° en présence des bases.* Ses oxydes sont acides et irréductibles par la chaleur.
ÉTAIN.	Sn	118	. . . . Blanc d'argent, très malléable, peu tenace. Fond à 228°, n'est pas sensiblement volatil. $d = 7,3$. Frotté entre les doigts, il prend l'odeur de poisson. Ployé, il donne le *cri de l'étain.*

			5ᵉ Section : *Métaux ne décomposant l'eau que très difficilement au rouge blanc.* Leurs oxydes sont irréductibles par la chaleur et se forment directement.
PLOMB . . .	Pb	207	. . . . Blanc bleuâtre, coupure fraîche très brillante. Très mou, le moins tenace des métaux, tache le papier. Fond vers 330°, sensiblement volatil. $d = 11,36$.
CUIVRE	Cu	63,5	. . . . Rouge, susceptible d'un beau poli, très ductile, très malléable, très tenace. Fond vers 1150°; sa vapeur brûle avec une belle flamme verte. $d = 8,85$; par le martelage, $d = 8,95$.
BISMUTH . . .	Bi	210	. . . . Blanc jaunâtre, cassant. Fond à 264° (cristaux cuboïdes irisés); volatil au rouge. $d = 9,8$. Le bismuth donne de la fusibilité aux alliages.
			6ᵉ Section : *Métal ne décomposant l'eau à aucune température.* Inaltérable à l'air; son oxyde est irréductible par la chaleur.
ALUMINIUM . .	Al	27,4	. . . . Blanc bleuâtre, très ductile, très malléable. Fond vers 700°; il est très peu volatil. Aussi léger que le verre : $d = 2,56$. Il est très sonore. Son dissolvant est HCl. Métal de grand avenir.
			7ᵉ Section : *Métaux ne décomposant pas l'eau.* 1ᵉ sous-section : mercure, s'oxydant à l'air aux températures peu élevées. 2ᵉ sous-section : métaux ne s'oxydant à l'air à aucune température.
MERCURE . . .	Hg	200	. . . . Liquide blanc, très brillant; se solidifie à — 40°, bout vers 350°, émet des vapeurs à toutes températures. $d = 13,60$. Ses alliages se nomment amalgames.
OR	Au	196,6	. . . . Paraît jaune, mais est rouge-pourpre. Métal le plus ductile, le plus malléable. Fond à 1200°, et donne des vapeurs vertes, violettes par réflexion. $d = 19,5$.
ARGENT	Ag	108	. . . . Le plus blanc, le plus éclatant des métaux. Le plus ductile, le plus malléable après l'or. Fond à 1000° et donne des vapeurs bleuâtres. $d = 10,50$.
PLATINE	Pt	197,2	. . . . Blanc gris, très mou, très ductile, très malléable. Fond vers 1700 à 1800°. $d = 21,5$. (Eponge de platine, noir de platine.)
			N. B. — Les oxydes des métaux de cette section sont réductibles par la chaleur.

Nota. — La partie : *Caractères des bases.* — *Caractères des principaux genres de sels* du programme du baccalauréat de l'enseignement secondaire moderne, ne saurait être résumée ici. On pourra consulter les **Caractères des sels métalliques**, par R. Pialat, ouvrage qui répond à cette partie du programme.

Principaux composés oxygénés et hydrogénés des MÉTALLOÏDES.

		Composés oxygénés du chlore : Anhydride hypochloreux Cl^2O (acide hypochloreux $ClOH$); Anhydride chloreux Cl^2O^3 (acide chloreux Cl^2OH); Peroxyde de chlore ClO^2; Acide chlorique ClO^3H; Acide perchlorique ClO^4H.
ANHYDRIDE HYPOCHLOREUX	Cl^2O	**Liquide** rouge, odeur de chlore. Bout à 20°, sa vapeur est jaune. Très peu stable; détone violemment. Sa solution aqueuse est un oxydant et un décolorant énergique. Prép. *1° de l'anhydride :* $HgO + 4Cl = Cl^2O + HgCl^2$. Courant de Cl sec sur de l'oxyde jaune de mercure; l'anhydride est liquéfié dans un mélange réfrigérant. — *2° de la dissolution d'acide hypochloreux.* $2HgO + 4Cl + H^2O = HgCl^2, HgO + 2ClOH$. On agite vivement, _{oxychlorure de mercure} dans un flacon plein de chlore, un peu d'eau et d'oxyde rouge-de mercure. *Chlorures décolorants :* mélanges d'hypochlorite et du chlorure correspondant. Servent pour blanchiment : eau de Javel $ClOK + KCl$; liqueur de Labarraque $ClONa + NaCl$; chlorure de chaux (obtenu par courant de chlore sur chaux éteinte) $(ClO)^2Ca + CaCl^2$.
ACIDE CHLORIQUE.	ClO^3H	**Liquide** jaunâtre, huileux. Oxydant énergique. Il donne des sels bien définis. Prép. On verse goutte à goutte de l'acide sulfurique dans une solution de chlorate de baryum. *Chlorate de potassium* ClO^3K. S'obtient par courant de Cl dans solution de potasse caustique. Sel blanc, très détonant, oxydant énergique (C, S, Sb^2S^3). Décomposé par chaleur en chlorure de potassium et oxygène.
ACIDE CHLORHYDRIQUE	HCl	**Gaz** incolore, odeur piquante, saveur acide. $d = 1{,}247$. Liquéfié à $-80°$. Très soluble dans l'eau. $S_0 = 500$. Donne divers hydrates. Non combustible. Attaque tous les métaux, sauf l'or et le platine. Acide très énergique, d'un très grand emploi. Prép. $NaCl + SO^4H^2 = SO^4NaH + HCl$. On emploie le sel marin fondu; on chauffe *à peine*. (Cuve à mercure ou appareil de Woolf.) Dans l'industrie. — C'est un produit obtenu en même temps que le sulfate de sodium : procédé des *cylindres*, procédé des *fours*. *Chlorures métalliques.* S'obtiennent : 1° en faisant réagir Cl sur le métal $(SnCl^4)$; 2° par l'action de HCl sur le métal, l'oxyde, le carbonate ou le sulfure; 3° par eau régale sur le métal (chlorures d'or et de Pt); 4° par action combinée de C et Cl sur oxyde métallique (Al^2Cl^6). La plupart des chlorures sont solides, cristallisables, fusibles et volatils. $AgCl$, Cu^2Cl^2, Hg^2Cl^2 sont insolubles. H réduit $AgCl$, Fe^2Cl^6. Avec AzO^3Ag, donnent précipité blanc de $AgCl$, noircissant à la lumière, soluble dans AzH^3.

ACIDE FLUORHYDRIQUE	HFl	**Liquide** incolore qui bout à 19°; odeur piquante; très corrosif. Fume à l'air. En présence d'un peu d'eau, il attaque le verre (gravure sur verre). Prép. $CaFl^2 + SO^4H^2 = SO^4Ca + 2HFl$. Cornue en plomb en trois pièces; on recueille le produit dans un tube en plomb refroidi.
ANHYDRIDE SULFUREUX.	SO^3	*Composés oxygénés du soufre :* Anhydrides sulfureux SO^2, sulfurique SO^3, persulfurique S^2O ; acides sulfureux SO^3H^2, sulfurique SO^4H^2, hyposulfureux $S^2O^2H^2$ (connu à l'état de sels), hydrosulfureux SO^2H^2. Série thionique : acides di, tri, tétra, pentathioniques. **Gaz** incolore, odeur piquante et suffocante, provoque la toux. $d = 2,234$. Très soluble : $S_0 = 70$. Liquéfié vers $-8°$; solidifié vers $-75°$. Ni comburant ni combustible. Réducteur. L'acide sulfureux SO^3H^2 est bibasique. Prép. *Laboratoire* : 1° $Hg + 2SO^4H^2 = SO^3Hg + 2H^2O + SO^2$ On chauffe légèrement dans un ballon. Le gaz est recueilli sur la cuve à mercure. 2° $Cu + 2SO^4H^2 = SO^4Cu + 2H^2O + SO^2$ 3° $C + 2SO^4H^2 = CO^2 + 2H^2O + 2SO^2$. On chauffe dans un ballon des *fragments* de charbon de bois baignés d'acide. — Appareil de Woolf. *Industrie* : 4° $S + 2SO^4H^2 = 2H^2O + 3SO^2$. Cornue de fonte tubulée dans laquelle, sur du soufre fondu, on fait arriver un filet d'acide sulfurique. 5° $S + 2O = SO^2$; $2FeS^2 + 11O = Fe^2O^3 + 4SO^2$. Combustion du soufre ou grillage des pyrites à l'air; le gaz est mêlé à l'azote de l'air.
ANHYDRIDE SULFURIQUE.	SO^3	**Solide** blanc en longues aiguilles soyeuses. Très avide d'eau. Il se vaporise, puis fume à l'air. Prép. $S^2O^7H^2 = SO^4H^2 + SO^3$. On distille dans une cornue de verre, au-dessous de 100°, l'acide sulfurique de Nordhausen.
ACIDE SULFURIQUE ORDINAIRE	SO^4H^2	**Liquide** incolore, inodore, huileux. $d = 1,84$. Il bout vers 325° et se congèle à $-34°$. [Le vrai *acide normal* bout à 290° et se solidifie à 10°,5; l'autre a un peu plus d'eau.] Acide très énergique, bibasique, le plus employé dans l'industrie. *Théorie de la Prép.* $SO^2 + 2AzO^3H = SO^4H^2 + 2AzO^2$: Le gaz sulfureux, produit de la combustion du S ou des pyrites, réduit l'acide azotique introduit dans les chambres de plomb. $3AzO^2 + H^2O = 2AzO^3H + AzO$: En présence de l'eau, les vapeurs de peroxyde d'azote formées se dédoublent en bioxyde et en acide azotique. $AzO + O = AzO^2$: L'acide azotique régénéré réagit sur une nouvelle quantité de gaz sulfureux, tandis que le bioxyde d'azote est transformé en peroxyde par l'oxygène de l'air.
ACIDE SULFURIQUE DE NORDHAUSEN	$S^2O^7H^2$	**Liquide** oléagineux fumant à l'air; il est exempt de produits nitreux et sert à cause de cela pour dissoudre l'indigo. Prép. Calcination du sulfate de fer produit dans l'oxydation des schistes pyriteux, à l'air, au contact de l'eau.
ACIDE SULFHYDRIQUE OU HYDROGÈNE SULFURÉ	H^2S	**Gaz** incolore, odeur d'œufs pourris. $d = 1,19$. L'eau à 0° en dissout environ 4 volumes. Facilement liquéfiable; on l'a solidifié. Combustible : flamme bleue. Poison. Acide faible. Prép. 1° $FeS + 2HCl = FeCl^2 + H^2S$. Appareil à hydrogène. Comme FeS artificiel contient du fer libre, le gaz est mêlé d'hydrogène. 2° $Sb^2S^3 + 6HCl = 2SbCl^3 + 3H^2S$. On chauffe dans un ballon le sulfure d'antimoine et l'acide chlorhydrique concentré. *Sulfures métalliques* : S'obtiennent : 1° en chauffant S et le métal (FeS); 2° en réduisant le sulfate par le charbon (BaS); 3° par un courant d'H^2S dans une solution saline (PbS); 4° par $(AzH^4)^2S$ sur un sel en dissolution. Les sulfures sont solides, diversement colorés, quelques-uns sont décomposés par la chaleur (FeS^2). Grillés à l'air, donnent SO^2 et oxyde métallique. Principaux sulfures naturels : galène PbS, blende ZnS, pyrite martiale FeS^2.
SULFURE DE CARBONE	CS^2	**Liquide** incolore, très mobile, odeur éthérée *s'il est pur*, ordinairement odeur fétide. $d = 1,2\,13$. Bout à 45°. Se vaporise rapidement. Très combustible. Dissolvant d'une foule de corps. Prép. $C + S^2 = CS^2$. Action directe du soufre sur du charbon porté au rouge. On le purifie par distillation.
PROTOXYDE D'AZOTE.	Az^2O	*Composés oxygénés de l'azote :* Protoxyde d'azote Az^2O; bioxyde d'azote AzO; anhydride azoteux Az^2O^3 (acide azoteux AzO^2H); peroxyde d'azote (ou anhydride hypoazotique) AzO^2; anhydride azotique Az^2O^5 (acide azotique AzO^3H); anhydride perazotique Az^2O^6. Ils sont tous endothermiques. **Gaz** incolore, inodore, saveur sucrée. $d = 1,527$. Moyennement soluble : $S_0 = 1,3$; $S_{15} = 0,78$; liquéfié à 0° et à 30 at., solidifié à $-100°$. Anesthésique. Gaz *hilarant*. Prép. $AzO^3 (AzH^4) = Az^2O + 2H^2O$. On chauffe l'azotate d'ammonium vers 240° dans une petite cornue de verre; il ne reste rien.
BIOXYDE D'AZOTE.	AzO	**Gaz** incolore; à l'air il se transforme en AzO^2; $d = 1,039$. Très peu soluble : $S = 1/30$. Liquéfié par M. Cailletet. Comburant pour les corps *bien enflammés*. Absorbé par le sulfate ferreux. Prép. $3Cu + 8AzO^3H = 3[(AzO^3)^2Cu] + 4H^2O + 2AzO$. Appareil à hydrogène.
ANHYDRIDE AZOTEUX	Az^2O^3	**Liquide** bleu très instable. On admet que sa dissolution aqueuse contient l'acide azoteux AzO^2H, monobasique. Prép. On dédouble l'anhydride hypoazotique par de l'eau à 0° $(2AzO^2 + H^2O = AzO^3H + AzO^2H)$.
PEROXYDE D'AZOTE.	$Az O^2$	**Liquide** jaune à 0°, rouge brun à 20°. Bout à 22°, en donnant des vapeurs rutilantes. Prép. $(AzO^3)^2Pb = PbO + O + 2AzO^2$. L'azotate *bien sec* est chauffé dans une cornue en verre; on recueille dans un tube en U refroidi.
ANHYDRIDE AZOTIQUE	Az^2O^5	**Solide** en cristaux incolores qui fondent à 30°. Corps se décomposant spontanément même en vase clos. Prép. $2AzO^3Ag + 2Cl = 2AgCl + Az^2O^5 + O$. Courant lent de Cl sec sur l'azotate sec maintenu à 60° dans un tube en U.

ACIDE AZOTIQUE	AzO^3H	*Monohydraté.* — Liquide incolore (celui du commerce est jauni par AzO^2). $d = 1,52$. Bout à 86°. Se décompose partiellement à la lumière. Très corrosif. Acide très énergique, monobasique. Agit en général comme oxydant. *Quadrihydraté.* — Liquide incolore, même dans le commerce. $d = 1,42$. Bout à 123°. Prép. { *Laboratoires.* $AzO^3K + SO^4H^2 = SO^4KH + AzO^3H$. Cornue en verre suivie d'un ballon refroidi dans lequel se condense l'acide. *Industrie.* On remplace l'azotate de potassium par l'azotate de sodium. Chaudières en fonte ; la condensation se fait dans une série de bonbonnes en grès contenant un peu d'eau.
AMMONIAQUE	AzH^3	**Gaz** incolore, odeur vive provoquant les larmes, saveur âcre. $d = 0,596$. Très soluble : $S_0 = 1147$. Liquéfié à 10° à 6^{at} 1/2 au moyen du chlorure d'argent ammoniacal. Base énergique, verdit sirop de violettes, donne fumées blanches avec HCl. Prép. { *Gaz ammoniac.* $2AzH^4Cl + CaO = CaCl^2 + H^2O + 2AzH^3$. Ballon légèrement chauffé. Éprouvette à chaux vive pour dessécher. Cuve à mercure. *Dissolution.* $SO^4(AzH^4)^2 + CaO = SO^4Ca + H^2O + 2AzH^3$. Ballon légèrement chauffé suivi de l'appareil de Woolf.
ACIDE HYPOPHOSPHOREUX	PO^2H^3	*Principaux composés oxygénés du phosphore :* acide hypophosphoreux PO^2H^3; acide phosphoreux PO^3H^3; anhydride phosphorique P^2O^5: acides méta, pyro, orthophosphoriques PO^3H, $P^2O^7H^4$, PO^4H^3. **Liquide** visqueux difficilement cristallisable, très avide d'oxygène. Il est monobasique. Prép. On décompose à froid l'hypophosphite de baryum par SO^4H^2 et on évapore dans le vide.
ANHYDRIDE PHOSPHOREUX	P^2O^3	**Poussière** blanche, volatile, combustible, avide d'eau, obtenue par oxydation directe du Ph.
ACIDE PHOSPHOREUX	PO^3H^3	**Solide** cristallisé; c'est un acide bibasique. Prép. $PCl^3 + 3H^2O = 3HCl + PO^3H^3$. On décompose par l'eau le trichlorure de phosphore.
ANHYDRIDE PHOSPHORIQUE	P^2O^5	**Solide** blanc pulvérulent; fond au rouge, se volatilise au rouge blanc. Très avide d'eau, au contact de laquelle il produit un sifflement aigu. Réduit par C : $P^2O^5 + 5C = 5CO + P^2$. Prép. Courant d'air sec sur du phosphore enflammé contenu dans une nacelle au centre d'un grand ballon.
ACIDE PHOSPHORIQUE ORDINAIRE	PO^4H^3	**Solide** blanc cristallisé; au rouge, il se transforme en acide métaphosphorique. Soluble dans l'eau. Tribasique. Prép. On chauffe, dans une cornue de verre, des bâtons de phosphore avec de l'acide azotique très étendu.
ACIDE PYROPHOSPHORIQUE	$P^2O^7H^4$	**Solide** blanc difficilement cristallisable; au rouge, il donne l'acide suivant. Dans l'eau bouillante il se transforme rapidement en acide ordinaire. Il est bibasique. Prép. $P^2O^7Pb^2 + 2H^2S = 2PbS + P^2O^7H^4$. Courant d'hydrogène sulfuré dans de l'eau tenant en suspension du pyrophosphate de plomb. L'acide pyrophosphorique reste en dissolution; on le sépare, par décantation, de PbS insoluble.
ACIDE MÉTAPHOSPHORIQUE	PO^3H	**Solide** incristallisable, aspect vitreux. Très soluble dans l'eau, dans laquelle il se transforme peu à peu pour donner les deux autres acides. Monobasique. Coagule albumine. Précipite $BaCl^2$. Prép. $PO^4H(AzH^4)^2 = 2AzH^3 + H^2O + PO^3H$. Calcination au rouge, dans un creuset de platine, du phosphate d'ammonium du commerce.

HYDROGÈNE PHOSPHORÉ	PH^3	**Gaz** incolore, odeur d'ail. $d = 1,185$. Peu soluble dans l'eau : $S = 1/8$. Spontanément inflammable à l'air, à 100° s'il est pur, à la température ordinaire s'il est impur. Prép. { 1° $8P + 3CaO + 9H^2O = 3\,[(PO^2H^2)^2Ca] + 2PH^3$. (Hypophosphite de calcium) Chauffer légèrement un ballon rempli de chaux et de quelques boulettes formées de chaux éteinte et de phosphore. 2° Décomposer par l'eau le phosphure de calcium Ca^3P^2; le gaz est mêlé de phosphure liquide et d'hydrogène.
PHOSPHURE { LIQUIDE	PH^2	**Liquide** incolore, insoluble dans l'eau; inflammable spontanément à l'air. On l'obtient en traitant le Ca^3P^2 par l'eau à 50°, dans l'obscurité.
PHOSPHURE { SOLIDE.	P^2H	**Poudre** jaune, insoluble dans l'eau; inflammable à 160° à l'air.
ANHYDRIDE ARSÉNIEUX	As^2O^3	**Solide** blanc pulvérulent (dans le commerce), inodore, saveur âcre: excite la salivation. Peu soluble : $S = 1/80$. Volatil sans fusion au rouge. Dimorphe et amorphe. Prép. On grille, dans un courant d'air, l'arsenic ou les minerais d'arsenic; l'anhydride est entraîné.
ANHYDRIDE ARSÉNIQUE	As^2O^5	**Solide** blanc fondant au rouge. Se dissout lentement dans l'eau, en se transformant en acide orthoarsénique AsO^4H^3. Celui-ci, par la chaleur donne successivement: l'acide pyroarsénique $As^2O^7H^4$, l'acide métarsénique, AsO^3H et enfin l'anhydride As^2O^5. Prép. On chauffe de l'anhydride arsénieux avec de l'acide azotique additionné d'HCl; il se forme de l'acide orthoarsénique qui se dépose en masse cristalline.
HYDROGÈNE ARSÉNIÉ.	AsH^3	**Gaz** incolore, odeur d'ail. $d = 2,70$. Peu soluble : $S = 1/5$. Brûle avec une flamme livide. Décomposable par la chaleur en hydrogène et arsenic métallique. Prép. $As^2Zn^3 + 3SO^4H^2 = 3SO^4Zn + 2AsH^3$. On remplace, dans l'appareil à hydrogène, le zinc par l'arséniure de zinc As^2Zn^3.
CYANOGÈNE.	C^2Az^2	**Gaz** incolore, odeur pénétrante. $d = 1,806$. L'eau en dissout 4 fois son volume. Aisément liquéfiable. Combustible: flamme pourpre violacée. Prép. $Hg(CAz)^2 = Hg + C^2Az^2$. Chauffer dans une cornue le cyanure de mercure *bien sec*; il reste du *paracyanogène.*
ACIDE CYANHYDRIQUE.	$HCAz$	**Liquide** incolore, odeur d'amandes amères. $d = 0,65$. Bout à 26°, se solidifie à —15°. Très soluble dans l'eau. Brûle avec une flamme violacée. Le plus violent des poisons. Prép. $Hg(CAz)^2 + 2HCl = HgCl^2 + 2HCAz$. L'appareil comprend un ballon chauffé, un tube horizontal (marbre et $CaCl^2$), un tube en U refroidi.
OXYDE DE CARBONE.	CO	**Gaz** incolore, inodore, insipide. $d = 0,967$. Très peu soluble : $S = 0,035$. Combustible. Très délétère. Réducteur. Absorbé par le sous-chlorure de cuivre ammoniacal. Prép. { 1° $C^2O^4H^2 = CO^2 + CO + H^2O$. Chauffer dans un ballon un mélange d'acide oxalique et d'acide sulfurique. Un flacon à KOH retient CO^2. 2° $ZnO + C = Zn + CO$. Calciner le mélange dans lequel le charbon doit entrer en excès.

ANHYDRIDE CARBONIQUE	CO^2	Gaz incolore, odeur piquante, saveur aigrelette. $d = 1,529$; assez soluble : $S_a = 1,80$. Liquéfié à $0°$ à 36 at. ; se solidifie par détente. Impropre à la respiration. L'acide carbonique CO^3H^2 (non encore isolé), serait bibasique. Prép. { Laboratoire: $CO^3Ca + 2HCl = CaCl^2 + CO^2 + H^2O$. Appareil à hydrogène. Industrie : { $1°$ $CO^3Ca + SO^4H^2 = SO^4Ca + CO^2 + H^2O$. On emploie un agitateur mécanique pour détacher le sulfate de calcium formé. Ce procédé est usité pour les boissons gazeuses. $2°$ $CO^3Ca = CaO + CO^2$. On décompose le carbonate de calcium par la chaleur. Ce procédé, usité dans les sucreries et les soudières, est très économique et donne en plus de la *chaux vive*.
ANHYDRIDE SILICIQUE OU SILICE.	SiO^2	*Silice anhydre cristallisée* ou *quartz :* corps dur rayant le verre, cristallisé en prismes hexagonaux pyramidés. *Silice anhydre amorphe :* poudre blanche insoluble dans l'eau ; donne par fusion un verre de densité $2,2$. *Silice hydratée* ou *gélatineuse :* corps blanc gélatineux, un peu soluble dans l'eau, très soluble dans les acides et dans les solutions alcalines. Calcinée, cette silice devient anhydre. Le seul acide qui attaque la silice est l'acide fluorhydrique. Prép. On obtient la silice gélatineuse en versant de l'acide chlorhydrique dans du silicate de sodium dissous dans l'eau (liqueur des cailloux).
ACIDE BORIQUE . . .	BoO^3H^3	**Solide** en lamelles brillantes, nacrées, douces au toucher. $d = 1,54$. Il subit la fusion ignée en devenant anhydre, et alors il se volatilise lentement. Un peu soluble. Prép. S'extrait des *suffioni* de la Toscane, qui sont des jets de gaz et de vapeurs entraînant de l'acide borique.
EAU	H^2O	*État solide.* — Cristallisée en prismes hexagonaux : glace, neige. $d = 0,93$. Expansion de l'eau se congelant. Le point de fusion de la glace est le zéro du thermomètre. *État liquide.* — L'eau pure est incolore sous une petite épaisseur, bleu indigo sous une grande. Elle est inodore, insipide. $d_o = 0,999873$, $d_4 = 1$. *État gazeux.* — La vapeur d'eau est incolore, plus légère que l'air. $d = 0,623$.
EAU OXYGÉNÉE . . .	H^2O^2	Liquide incolore, inodore, d'une saveur métallique-désagréable, d'une consistance sirupeuse. $d = 1,45$. Corps instable, à moins qu'il ne soit très étendu. Prép. $BaO^2 + 2HCl = BaCl^2 + H^2O^2$. On verse du bioxyde de baryum dans de l'acide chlorhydrique concentré fumant et refroidi à $0°$. *Oxydes métalliques.* — S'obtiennent : $1°$ par oxydation du métal à l'air (ZnO); $2°$ en décomposant par la chaleur le carbonate ou l'azotate correspondant (CaO, CuO); $3°$ en versant KOH dans une solution d'un sel métallique. Les oxydes sont solides, ternes, mauvais conducteurs, insolubles dans l'eau, sauf les alcalis. La plupart sont réduits par H (CuO), par C (ZnO), par CO (Fe^2O^3), par le chlore (CaO).

CHIMIE ORGANIQUE

ACÉTYLÈNE . . . . . | C^2H^2

Gaz incolore, odeur fétide. $d = 0,92$. Soluble dans son volume d'eau ; liquéfié à 48^{atm} à 1°. — Vénéneux.
La chaleur le polymérise (benzine C^6H^6). Combustible : flamme éclairante et fuligineuse. Mélange détonant. La synthèse directe de ce corps a été réalisée par M. Berthelot.

PRÉP. $\begin{cases} C^2Ca + 2H^2O = C^2H^2 + Ca(OH)^2. \\ \text{carbure de calcium.} \end{cases}$ Le carbure de calcium est une pierre grisâtre, obtenue en réduisant la chaux par le charbon dans un four électrique.

GAZ OLÉFIANT . . . | C^2H^4
Éthylène.
Bicarbure.

Gaz incolore, faible odeur empyreumatique. $d = 0,97$. Assez soluble : $S = 1/6$; liquéfié à 45^{atm} à 1°. Donne l'huile des Hollandais ($C^2H^4Cl^2$). Absorbé par Br et par SO^4H^2.
La chaleur le dédouble d'abord en C^2H^2 et H^2, puis donne des produits complexes. Très combustible : .mme blanche éclairante. Mélange détonant.

PRÉP. $\begin{cases} C^2H^6O = C^2H^4 + H^2O. \\ \text{alcool.} \end{cases}$ Un mélange refroidi d'alcool et d'acide sulfurique est porté à 160° dans une cornue. Deux flacons laveurs : 1er soude pour SO^2 et CO^2 ; 2° SO^4H^2 pour éther.

GAZ DES MARAIS . . | CH^4
Formène.
Méthane.
Protocarbure.

Gaz incolore, inodore, insipide. $d = 0,559$. Très peu soluble ; très difficilement liquéfiable.
Le formène est saturé ; il ne se combine directement, par addition, avec aucun corps. Très combustible : flamme bleue peu éclairante. Mélange détonant. Produits de substitution avec Cl.

PRÉP. $\begin{cases} C^2H^3O^2Na + NaOH = CH^4 + CO^3Na^2. \\ \text{acétate de sodium.} \end{cases}$ L'acétate mêlé à de la chaux sodée est chauffé dans une cornue munie d'un tube de sûreté.

Pétroles. — Liquides naturels constitués surtout par une série d'hydrocarbures homologues du méthane (carbures saturés). Ils existent dans le sein de la terre. On en extrait : 1° l'éther de pétrole (de 45° à 70°) ; 2° l'essence de pétrole ou huiles légères (de 75° à 120°) ; 3° le pétrole ordinaire ou huile de pétrole (de 120° à 280°) ; 4° les huiles lourdes (de 280° à 400°) déposant la *paraffine*, belle substance blanche, cireuse, fondant à partir de 56° ; 5° enfin les goudrons, qui se décomposent au-dessus du rouge en carbures combustibles.

La *vaseline*, graisse onctueuse, inodore, se retire des pétroles en oxydant à l'air leurs résidus non volatils et filtrant à chaud sur du noir animal.

CHLOROFORME . . .	CHCl³	**Liquide** incolore, odeur suave, saveur sucrée; insoluble dans l'eau s'il est pur. $d = 1,48$. Bout à 60°,8, solidifié à — 70°. C'est un dérivé chloré du méthane. Dissout S, P, I et corps gras. Brûle difficilement. Anesthésique puissant mais dangereux. PRÉP. { On chauffe dans un alambic un mélange d'eau, d'alcool éthylique, de chlorure de chaux et de chaux éteinte. Les trois premiers corps donnent du chloral (C²HCl³O) que la chaux dédouble en chloroforme et en formiate de calcium.
ESSENCE DE TÉRÉBENTHINE Térébenthène (lévogyre) Australène (dextrogyre)	C¹⁰H¹⁶	**Liquide** incolore, mobile, odeur spéciale bien connue. Bout vers 156°. $d = 0,87$. Il se résinifie à l'air et devient visqueux. Dissolvant précieux du S, du P, des matières grasses, des résines, du caoutchouc. Combustible : flamme fuligineuse. PRÉP. { Cette essence s'extrait de la térébenthine, suc semi-liquide qui s'écoule des incisions faites aux pins, et composé d'essence et de *colophane*. Ce suc est distillé soit à la vapeur d'eau, soit directement. On rectifie sur du chlorure de calcium.
BENZINE	C⁶H⁶	**Liquide** incolore, odeur spéciale, très mobile. $d = 0,90$. Bout à 80°, se solidifie à 0°. Soluble dans l'alcool, l'éther, mais non dans l'eau. Dissolvant du S, du P, de l'I, du camphre, des corps gras, du caoutchouc. Combustible : flamme fuligineuse et éclairante. Par l'acide azotique donne la nitrobenzine. PRÉP. { La benzine s'obtient par distillation fractionnée des *huiles légères* du goudron, débarrassées des alcalis et des phénols par des lavages successifs à SO⁴H² et à la soude. On rectifie, et on fait suivre de cristallisations par refroidissement.
TOLUÈNE . . . . . Méthylbenzine	C⁷H⁸ C⁶H⁵(CH³)	**Liquide** analogue à la benzine, odorant, très mobile, réfringent. Bout à 110°. $d = 0,87$. Combustible, comme la benzine. PRÉP. On distille le baume de Tolu; ou on l'extrait des goudrons de houille, comme la benzine.
NAPHTALINE	C¹⁰H⁸	**Solide** en belles lamelles cristallines incolores, à odeur de goudron, et d'une saveur à la fois âcre et aromatique. Fond à 79°, bout vers 218°. Soluble dans l'alcool, l'éther, mais non dans l'eau. Combustible : flamme très fuligineuse. PRÉP. { On l'extrait, par refroidissement, des huiles lourdes du goudron de houille, et on purifie par sublimation et par cristallisation dans l'alcool.
ANTHRACÈNE	C¹⁴H¹⁰	**Solide** en lamelles blanches brillantes, à reflets violacés. Fond à 210°, se sublime vers 239°, bout vers 350°. Soluble dans l'alcool bouillant. Il répand une odeur désagréable, irritante, en se sublimant. C'est la matière première de la fabrication de l'alizarine; de là son importance. PRÉP. { On l'extrait, par pression à chaud, du produit qui cristallise au sein des huiles lourdes débarrassées de la naphtaline; on purifie en dissolvant les carbures étrangers par du pétrole chaud et sublimant l'anthracène, resté comme résidu.

Goudrons de houille. — Le poids des goudrons est d'environ 6 % de la houille distillée. Dans les usines à gaz ces goudrons se condensent dans les barillets avec des eaux alcalines.

À la distillation, 100 parties de goudron donnent en moyenne :

2, 5	Eaux ammoniacales.
8, 0	Huiles légères. Elles renferment surtout la benzine et ses homologues, puis d'autres carbures, des phénols, des bases organiques, etc.
15 à 25, 0	Huiles lourdes. Elles distillent depuis 200° et elles renferment : aniline, phénol, naphtaline, anthracène, paraffine, etc.
65 à 75, 0	Brai. Il sert à faire les *agglomérés*.

ALCOOL ORDINAIRE . . Alcool vinique Alcool éthylique Esprit-de-vin	C²H⁶O C²H⁵(OH)	**Liquide** incolore, très fluide, odeur agréable, saveur chaude et caustique. $d = 0,79$ à 15°. Bout à 78°,4. Devient visqueux vers — 80° et se solidifie à — 130°. Dissolvant précieux des résines, des corps gras, de l'I et du P. Coagule la gélatine, l'albumine. Injecté dans les veines, il cause la mort. L'alcool se dissout dans l'eau en toutes proportions, et cette dissolution est accompagnée de dégagement de chaleur et d'une contraction; les deux corps s'unissent même. L'alcool brûle avec une flamme bleuâtre, très chaude, peu éclairante. Son oxydation donne l'aldéhyde C²H⁴O, puis l'acide acétique C²H⁴O². PRÉP. { 1° *de l'alcool absolu.* — Digestion pendant 24 heures de l'alcool du commerce avec de la chaux vive. Distillation au bain-marie. Nouvelle digestion avec de la baryte caustique. 2° *des liquides alcooliques de diverses origines.* { Par *fermentation* des liquides sucrés, au moyen de la *levure de bière* (végétal formé de chapelets de globules croissant aux dépens du sucre). La réaction C⁶H¹²O⁶ (glucose) = 2C²H⁶O + 2CO², admise par Gay-Lussac, n'est pas la seule; il se forme, en outre, d'après Pasteur, de la glycérine, de l'acide succinique, de la cellulose, des matières grasses.
ÉTHER ORDINAIRE , . Éther sulfurique	(C²H⁵)²O	**Liquide** incolore, très mobile, odeur suave et forte, saveur âcre et brûlante. $d = 0,75$ environ. Bout vers 35°, se solidifie vers — 31°. Dissout le S, le P, l'I, les huiles et les graisses. Brûle avec une flamme très blanche; donne des mélanges détonants violents. PRÉP. { 1° C²H⁵.OH + SO⁴H² (alcool) = H²O + SO⁴H.C²H⁵ (acide éthylsulfurique). — L'*éthérification* comprend deux réactions : 1° formation de l'acide éthylsulfurique et de l'eau, par l'action de l'acide sulfurique sur l'alcool; 2° formation d'éther par l'action de l'alcool sur le premier produit. 2° C²H⁵.OH + SO⁴H.C²H⁵ = SO⁴H² + (C²H⁵)²O. — L'alcool est versé à mesure; l'éther distille et est condensé par un réfrigérant de Gay-Lussac. On rectifie.
ÉTHER ACÉTIQUE . . Acétate d'éthyle	C²H⁵(C²H³O²)	**Liquide** incolore, odeur éthérée très agréable. $d = 0,91$. Bout à 74°. Dissout les résines, le coton-poudre. La potasse le saponifie en régénérant l'alcool et en formant de l'acétate de potassium. PRÉP. Distiller dans une cornue le mélange : acétate de sodium, acide sulfurique concentré, alcool. On rectifie sur CaCl².

ÉTHER CHLORHYDRIQUE Chlorure d'éthyle	C^2H^5Cl	**Liquide** incolore, odeur forte, saveur sucrée et un peu alliacée. $d = 0,92$. Bout vers 12°. Ne se conserve qu'en tubes scellés. Brûle avec une flamme verte. Prép. Saturer par le gaz HCl de l'alcool refroidi ; distiller au bain-marie. Ou bien chauffer NaCl avec SO^4H^2 et alcool.
ALCOOL MÉTHYLIQUE. Hydrate de méthyle Esprit-de-bois	CH^4O $CH^3.OH$	**Liquide** incolore, mobile, odeur éthérée (quand il est pur). $d = 0,814$. Bout à 66°,5. Dissout les résines, les huiles, les matières grasses, les matières colorantes. Il brûle avec une flamme bleuâtre pâle. Son oxydation donne l'aldéhyde CH^2O, puis l'acide formique CH^2O^2. La distillation du bois donne. 1° Produits volatils : esprit de bois, acide acétique, eau, goudrons. 2° Résidu solide : charbon. Prép. Les premiers produits séparés des goudrons par décantation sont distillés à la vapeur ; l'acide acétique est arrêté par de la chaux et du sulfate de sodium : les liquides non acides sont rectifiés sur de la chaux vive, puis traités par SO^4H^2 ; ils sont rectifiés de nouveau sur de la chaux, et enfin sur $CaCl^2$.
GLYCÉRINE	$C^3H^8O^3$ $C^3H^5(OH)^3$	**Liquide** incolore, très sirupeux, saveur sucrée, inodore à froid. $d = 1,26$ à 15°. Se solidifie au-dessous de 0°, mais ne fond plus que vers 17°. Bout vers 280° en s'altérant un peu. Soluble dans l'eau. Ses vapeurs brûlent à l'air. C'est un alcool tribasique donnant trois éthers avec un acide monobasique. La nitroglycérine est la trinitrine. Prép. Scheele (1779) a découvert la glycérine en saponifiant l'axonge par la litharge ; aujourd'hui encore elle s'obtient par la saponification des corps gras : c'est un résidu de la fabrication des savons et des bougies stéariques. **Corps gras neutres.** — Substances naturelles, neutres, onctueuses, laissant sur le papier une tache translucide fixe, et qui comprennent plusieurs principes immédiats : *oléine* $C^3H^5(C^{18}H^{33}O^2)^3$, liquide ; *margarine* $C^3H^5(C^{16}H^{31}O^2)^3$, solide nacré, fond à 47° ; *stéarine*, $C^3H^5(C^{18}H^{35}O^2)^3$, solide blanc, fond vers 65°. Ces principes sont des éthers neutres de la glycérine et se saponifient. Les corps gras ne sont pas volatils ; ils sont solubles dans l'alcool, l'éther, les essences. Ils s'altèrent à l'air : on dit qu'ils rancissent. Ils sont solides (beurre, graisses, suif) ou liquides (huiles : siccatives ou non siccatives). L'axonge est de la graisse de porc fondue.
GLUCOSE ordinaire . Dextrose. Sucre de fécule.	$C^6H^{12}O^6$	**Solide** en masses molles amorphes ou en aiguilles blanches agglomérées de formule $C^6H^{12}O^6 + H^2O$. Fond à 80°, perd H^2O à 100°. A 170°, il donne $C^6H^{10}O^5$ (glucosane) ; à 200°, du caramel. Solubilité $= 1,2$. Le glucose sucre trois fois moins que le sucre de canne. C'est un corps réducteur. Il est fermentescible. Les alcalis le détruisent en brunissant. Prép. 1° Par l'action de l'acide sulfurique étendu à l'ébullition sur de la fécule ou sur une matière amylacée quelconque. On sature ensuite l'acide par la craie, on filtre sur du noir en grains ; 2° Par l'action de la diastase de l'orge germée sur de l'amidon délayé. On chauffe à 30 , puis à 70°. En 20 minutes la transformation est complète ;

LÉVULOSE . . . . . ou sucre de fruit.	Id.	**Solide** en aiguilles rayonnantes veloutées, fort soluble. Se retire du sucre interverti transformé par la chaux en glucosate (soluble) et lévulosate (insoluble). **Sucre interverti.** — Mélange, parts égales, de glucose et de lévulose. Prép. Il provient du sucre ordinaire qui fixe une molécule d'eau : $$C^{12}H^{22}O^{11} + H^2O = C^6H^{12}O^6 + C^6H^{12}O^6,$$ de l'une des trois manières suivantes : sucre ordinaire. glucose lévulose. 1° Par ébullition prolongée de sa solution. 2° Par l'action des acides énergiques étendus à chaud. 3° Par l'action des ferments.
SUCRE DE CANNE . . Saccharose. Sucre de betterave.	$C^{12}H^{22}O^{11}$	**Solide** dur, blanc, inodore, saveur bien connue, douce et agréable. $d = 1,60$ environ. Solubilité $= 2$ à froid, indéfinie à chaud ; la solution à chaud abandonne à 30° du sucre candi. Le sucre fond vers 160° (sucre d'orge). A 210°, il donne du caramel ; finalement, il laisse du charbon pur. Plusieurs actions l'*intervertissent* (voir ci-dessus). Ne réduit pas la liqueur de Fehling. Extraction. Obtention du jus des betteraves ou des cannes par *pression* ou par *diffusion* et enrichissement méthodique des jus. Défécation par la chaux et élimination de l'excès de celle-ci par CO^2 (carbonatation). Filtration sur noir animal, évaporation dans le vide (appareil à triple effet). Deuxième filtration sur noir animal, enfin cuite dans le vide jusqu'à cristallisation ; turbinage ou élimination forcée des eaux-mères dites *mélasses*.
SUCRE DE LAIT . . . Lactose ou lactine.	$C^{12}H^{22}O^{11}$	**Solide** dur, blanc, inodore, peu sucré. Solubilité $= 1/6$ à froid, $1/2$ à 100°. Il s'intervertit par les acides comme le sucre ordinaire. Prép. Le lactose se retire du petit-lait par simple évaporation.
DEXTRINE.	$(C^6H^{10}O^5)^n$	**Poudre** jaunâtre, dont la solution aqueuse est gommeuse et d'un goût douceâtre. Insoluble dans l'alcool concentré. Ne *bleuit pas* l'iode. L'acide sulfurique étendu lui incorpore de l'eau et en fait du glucose. $(C^6H^{10}O^5)^n + nH^2O = nC^6H^{12}O^6$. Prép. La dextrine se retire de l'amidon : 1° traité par les acides minéraux très étendus ; 2° traité par l'orge germée. Il faut s'arrêter *à temps*, sinon on aurait d'autres produits, tels que du glucose, par exemple.
MATIÈRE AMYLACÉE . (amidon et fécule) .	$(C^6H^{10}O^5)^n$	**Poudre** blanche en grains ovoïdes semi-organisés. Insoluble dans l'eau, l'alcool, l'éther. A 80°, dans l'eau, les grains gonflent et donnent l'empois d'amidon. *Bleuit* par l'iode. L'eau bouillante, les acides minéraux étendus, la diastase transforment la matière amylacée en dextrine. Prép. La *fécule* s'extrait des pommes de terre râpées et lévigées. L'*amidon* s'extrait des farines, par fermentation (du gluten), ou par lavages. **Gommes ou mucilages.** — Substances amorphes formant avec l'eau une solution épaisse. Les gommes solubles sont des sucs végétaux, telle la gomme arabique, formée d'une combinaison d'arabine $(C^{12}H^{22}O^{11})$ avec la chaux et la potasse.

CELLULOSE	$(C^6H^{10}O^5)^n$	**Matière** blanche, douce au toucher. $d = 1,25$ à $1,45$. Insoluble dans les dissolvants ordinaires. Combustible. Décomposable par la chaleur. L'acide sulfurique la transforme successivement en amidon, en dextrine, en glucose. L'acide azotique, étendu, à chaud, donne de l'acide oxalique; concentré, à froid, il donne le coton-poudre qui s'enflamme à 120°. La cellulose est à peu près pure dans le papier, le vieux linge, le coton.
PHÉNOL Acide phénique	C^6H^6O $C^6H^5.OH$	**Solide** en aiguilles incolores, fusibles vers 40°; à l'air humide le phénol absorbe un peu d'eau et fond dans cette eau à la température ambiante. Bout au-dessus de 180°; brûle en donnant beaucoup de fumée. Saveur brûlante, très caustique; odeur caractéristique. Désorganise les tissus, coagule l'albumine. Avec les alcalis donne des phénates. Il possède des éthers. PRÉP. On traite par la soude les huiles de goudron déjà débarrassées des alcalis par l'acide sulfurique. Le phénate de sodium formé est décomposé par un acide; la couche huileuse obtenue, lavée, desséchée sur CaCl², rectifiée, abandonne les aiguilles de phénol à — 10°.
ALIZARINE	$C^{14}H^8O^4$	**Solide** en aiguilles jaune rouge, se sublime dès 110°. Peu soluble dans l'eau froide. Assez soluble dans l'alcool et dans la benzine. L'alizarine colore l'acide sulfurique en rouge sang, les alcalis en violet, la chaux en bleu; elle est la base de matières colorantes bleues ou rouges. PRÉP. Se retire de l'anthracène qu'on transforme par le bichromate de sodium et l'acide sulfurique en anthraquinone. Ce dernier corps est traité par l'acide sulfurique, puis fusionné avec de la soude. Enfin l'alizarate de sodium est décomposé par HCl en alizarine et en NaCl.
ALDÉHYDE ORDINAIRE Aldéhyde éthylique	C^2H^4O	**Liquide** incolore, très mobile, odeur suffocante. $d = 0,80$. Bout à 21°. Soluble dans l'eau, dans l'alcool, dans l'éther. La chaleur le décompose au rouge. Il brûle dans l'oxygène. Il peut s'oxyder lentement; c'est un réducteur. Avec le chlore il donne le chloral (C^2HCl^3O). PRÉP. 1° *Oxydation de l'alcool.* $C^2H^6O + O = C^2H^4O + H^2O$. On fait couler un mélange d'alcool et d'acide sulfurique dans un ballon où sont portés à 100° de l'eau et du bichromate de potassium. Les vapeurs se condensent dans l'éther d'où on sépare l'aldéhyde. 2° *Réduction de l'acide acétique.* $(C^2H^3O^2)^2Ca + (CO^2H)^2Ca = 2CO^3Ca + 2C^2H^4O$. acétate de calcium formiate de calcium
ESSENCE D'AMANDES AMÈRES Aldéhyde benzylique	C^7H^6O $C^6H^5 - COH$	**Liquide** incolore, très réfringent, odeur suave, saveur aromatique et âcre. $d = 1,05$ environ. Bout à 179°,5. Très soluble dans l'alcool et dans l'éther; peu soluble dans l'eau. PRÉP. On dédouble par l'eau l'amygdaline qui existe dans les amandes amères. En même temps que l'aldéhyde benzylique, il se produit du glucose et de l'acide cyanhydrique.
CAMPHRE	$C^{10}H^{16}O$	**Solide** cristallin, translucide, flexible; odeur aromatique spéciale, saveur brûlante suivie d'une sensation de fraicheur. $d = 0,99$. Fond vers 175°; bout à 204°, se sublime déjà à la température ordinaire. Très peu soluble dans l'eau: $S = 1/1000$; très soluble dans l'alcool et dans l'éther. Le camphre brûle avec une flamme fuligineuse. C'est l'aldéhyde du bornéol. PRÉP. On distille avec de l'eau, dans un alambic, les éclats du *Laurus camphora*. Le camphre entraîné par la vapeur se condense sur de la paille placée dans le chapiteau. On le raffine par sublimation.
ACIDE FORMIQUE	CH^2O^2	**Liquide** incolore, mobile, fumant à l'air, saveur acide, odeur piquante, corrosif. $d = 1,22$. Bout à 105°, cristallise vers 8°. Il existe dans les fourmis rouges. Corps très réducteur; il réduit l'azotate d'argent. PRÉP. On dédouble l'acide oxalique sous l'influence de la glycérine vers 90°: $C^2O^4H^2 = CO^2H^2 + CO^2$.
ACIDE ACÉTIQUE	$C^2H^4O^2$	**Liquide** incolore se solidifiant à 17°. Odeur suffocante, saveur acide, très corrosif. $d = 1,06$. Cet acide bout à 120°. La chaleur rouge donne des produits complexes. Brûle avec une flamme bleue. Donne avec le chlore les acides chloroacétiques. Plusieurs acétates sont très importants. PRÉP. *Par fermentation des liquides alcooliques* (vinaigres). Acétification produite par le *mycoderma aceti*: $C^2H^6O + 2O = H^2O + C^2H^4O^2$. *Par distillation du bois* (vinaigre de bois ou acide pyroligneux). On décompose par l'acide sulfurique les acétates de calcium ou de sodium provenant du traitement du goudron de bois (voir alcool méthylique); on rectifie ensuite. L'acide acétique pur s'obtient en distillant l'acétate de sodium fondu avec SO^4H^2 concentré. Le produit recueilli est entouré de glace; par une vive agitation l'acide acétique se solidifie (acide acétique cristallisable) et se sépare de la partie restée liquide. **Acides gras** $C^nH^{2n}O^2$. — Les acides gras existent dans les deux règnes organiques; ils y sont généralement combinés avec des bases pour donner des sels, avec des alcools pour donner des éthers, souvent avec la glycérine pour donner des éthers neutres formant les corps gras. Ces acides ont des propriétés générales communes; ils sont monobasiques, donnent des éthers avec les alcools, des produits de substitution avec le chlore; par la chaleur, leurs sels ammoniacaux donnent *une amide*, puis un *nitrile*; leurs sels de chaux, des *acétones*; leurs sels alcalins mêlés à un formiate, une *aldéhyde*. *L'acide formique, l'acide acétique* mentionnés ci-dessus, font partie des acides gras. Citons quelques acides gras des plus importants.
ACIDE BUTYRIQUE	$C^4H^8O^2$	**Liquide** à odeur de beurre rance, qui bout à 163°. Il existe dans le beurre, formant la *butyrine*, qui est un éther de la glycérine.
ACIDE MARGARIQUE	$C^{16}H^{32}O^2$	**Solide** blanc fondant à 62°, très soluble dans l'alcool et dans l'éther. S'extrait de l'huile de palme, existe aussi dans le blanc de baleine, la cire.
ACIDE STÉARIQUE	$C^{18}H^{36}O^2$	**Solide** blanc fondant à 69°, soluble dans l'alcool et dans l'éther. S'extrait du suif de mouton par saponification.

Baccalauréat de l'Enseignement moderne (lettres-sciences).

ACIDE OXALIQUE . .	$C^2H^2O^4$	**Solide** cristallisé avec 4 molécules d'eau, incolore, saveur aigre et piquante. Soluble dans 15 parties d'eau froide et dans 1 d'eau chaude. Poison à la dose de 15 à 20 grammes. Fond à 98° dans son eau de cristallisation; au-dessus, il se volatilise et se décompose partiellement en H^2O, CO^2, CO ou en CO^2 et CH^2O^2. C'est un réducteur. Acide bibasique.
		Prép. { On traite l'amidon ou le glucose, à chaud, par l'acide azotique dilué. { Dans l'industrie, on chauffe de la sciure de bois avec un mélange de potasse, de soude et de chaux.
ACIDES TARTRIQUES . *Il y en a quatre:* Acide tartrique droit. Acide tartrique gauche. Acide paratartrique ou racémique. Acide tartrique inactif.	$C^4H^6O^6$	**Solide** cristallisé en gros prismes rhomboïdaux obliques, anhydres, incolores, d'une saveur acide agréable. Soluble dans moins de son poids d'eau froide et dans le tiers de son poids d'eau chaude. Fond vers 170°; plus haut, il se décompose. Calciné à l'air, il se boursoufle et brûle en répandant l'odeur de caramel. Il y a quatre acides tartriques, distingués par leur cristallisation et leur action sur la lumière : 1° un acide droit (dextrogyre); 2° un acide gauche (lœvogyre); 3° un acide inactif par compensation, acide racémique, formé des deux acides actifs; 4° un acide inactif, non directement dédoublable. L'acide tartrique est à la fois acide bibasique et bialcool.
		Prép. { S'extrait du *tartre brut*, d'abord purifié et décoloré par ébullition avec des argiles spéciales. Par évaporation de la liqueur filtrée on a la *crème de tartre* ou bitartrate de potassium. Ce sel dissous est traité par la craie; il précipite du tartrate neutre de calcium, et il reste dissous du tartrate neutre de potassium qu'on précipite à son tour par du chlorure de calcium. Le tartrate calcaire obtenu est traité par l'acide sulfurique dilué, l'acide tartrique est mis en liberté. On filtre, on fait cristalliser.
ACIDE CITRIQUE . . .	$C^6H^4O^7$	**Solide** cristallisé en gros prismes rhomboïdaux, incolores, inodores, d'une saveur très acide. Soluble dans moins de son poids d'eau froide. Fond dans son eau de cristallisation qu'il perd à 130°. Se décompose vers 175°. C'est un acide tribasique, en même temps monalcool.
		Prép. Le jus de citron, traité par la craie, donne du citrate de calcium qu'on décompose par l'acide sulfurique étendu. On fait cristalliser par évaporation dans le vide.

		Amines ou ammoniaques composées. — Elles résultent de l'union d'une ou de plusieurs mol. d'ammoniaque et d'une ou plusieurs mol. d'un alcool ou d'un phénol avec élimination d'une ou plusieurs mol. d'eau.
ANILINE	C^6H^7Az	**Liquide** huileux, incolore, mauvaise odeur, saveur âcre. $d = 1,03$. Bout à 185°, et cristallise au dessous de 8°. Soluble dans l'eau, l'alcool, les carbures. C'est une base qui précipite l'oxyde de zinc et les sesquioxydes; elle donne des sels cristallisés. Il en dérive de magnifiques couleurs. L'aniline devient violet pourpre par le chlorure de chaux. Respirée en vapeurs ou appliquée sur la peau, elle peut amener la mort.
		Prép. { On nitre la benzine à froid par de l'acide azotique auquel on a ajouté de l'acide sulfurique qui s'empare de l'eau formée. Après des lavages à l'eau, on réduit la nitrobenzine obtenue au moyen de l'hydrogène naissant obtenu par du fer en copeaux et HCl. On entraîne l'aniline par la vapeur d'eau et on la rectifie.

TOLUIDINES . . . . Il existe trois isomères.	C^7H^9Az	*Paratoluidine.* — **Solide** feuilleté à odeur d'aniline et à saveur brûlante. Fond à 45°, bout à 205°. Un peu soluble dans l'eau : S = 1/280. *Orthotoluidine.* — **Liquide** huileux, incolore. $d = 1,00$. Bout à 200°. *Métatoluidine.* — **Liquide** qui bout à 197°.
		Prép. { La toluidine commerciale, qui est un mélange des deux premières toluidines, s'obtient en réduisant le nitrotoluène par le fer et l'acide acétique (voir aniline). On l'extrait encore des goudrons de houille (voir aniline.)
ROSANILINE	$C^{20}H^{21}Az^3O$	**Solide** incolore, cristallisé et coloré, presque insoluble dans l'eau. La rosaniline donne avec les acides trois séries de sels cristallisés et colorés. Les sels monacides sont à reflets verts dorés et leurs solutions sont rouge-cramoisi (rouge d'aniline). La *fuchsine* du commerce n'est autre chose que du chlorhydrate de rosaniline.
		Prép. { La rosaniline s'obtient en faisant réagir un oxydant ou un déshydrogénant sur un mélange de 1 mol. d'aniline et de 2 mol. de toluidine.
PARAROSANILINE . .	$C^{19}H^{19}Az^3O$	C'est l'homologue inférieur de la rosaniline. Ses sels sont rouges; son chlorhydrate est la parafuchsine.

		Matières colorantes naturelles. — Elles servent principalement à la teinture et à l'impression de la laine, de la soie et du coton. Voici les principales : **Indigo.** — Son principe actif est l'*indigotine*, $C^{16}H^{10}Az^2O^2$, dont la synthèse a été réalisée. Prép. Il s'extrait de l'*indigofera* par digestion et fermentation dans l'eau des feuilles de la plante. **Garance.** — La racine de cette plante contient l'alizarine, $C^{14}H^8O^4$, et la purpurine, $C^{14}H^8O^5$. Prép. On traite le jus des racines, préalablement résinifié à l'air, par l'acide sulfurique, qui abandonne les matières colorantes en dissolvant les impuretés. **Orseille.** — Son principe actif est l'*orcine* $C^7H^8O^2$, dont la synthèse a été réalisée. Prép. On laisse oxyder à l'air une décoction de lichens et on procède à des digestions ammoniacales. **Cochenille.** — Son principe actif est la *carmine*, produit par des insectes hémiptères. Prép. On fait digérer ces insectes dans l'alcool ou l'ammoniaque, après un dégraissage à l'éther. **Bois du Brésil, des îles, de Fernambouc, de Panama, de campêche,** etc. On réduit mécaniquement les bois en minces copeaux et on épuise par l'eau chaude; on évapore ensuite à consistance d'extrait.

		Matières colorantes artificielles. — Elles se substituent de plus en plus aux matières colorantes naturelles, en raison de leur bon marché, de leur facile application, de la richesse et de la variété de leurs nuances. On les prépare, pour la plupart, avec les produits extraits du goudron de houille. Le nombre de ces substances augmente tous les jours; nous nous contenterons de donner la liste suivante, qui renferme les plus connues : **Rouges.** — Fuchsine. — Safranine. — Ponceaux. — Crocéine. — Éosine. — Roccelline. — Alizarine de synthèse.

		Jaunes. — Acide picrique. — Jaune de Martius. — Citronine. — Mandarine. — Auramine. — Chrysoïne. — Phosphine.
		Verts. — Vert lumière. — Vert brillant. — Vert de méthyle.
		Bleus. — Bleu de phényle ou de Lyon. — Bleu soluble. — Bleu Nicholson. — Bleu de méthylène. — Bleu d'alizarine. — Indigo de synthèse.
		Violets. — Violet de Paris. — Violet Hofmann. — Mauvéine ou Rosolane.
		Alcaloïdes. — Ils existent combinés aux acides organiques dans les papavéracées, les solanées, les ombellifères. Ce sont des poisons très violents. Ces composés sont des bases généralement puissantes, capables de neutraliser les acides les plus énergiques. Leurs sels sont amers.
NICOTINE	$C^{10}H^{14}Az^2$	**Liquide** oléagineux, incolore mais brunissant à l'air, odeur pénétrante, caustique. Poison très violent. $d = 1,03$. Bout vers 240°. Soluble dans eau, alcool, éther.
		PRÉP. { S'extrait du tabac : le tabac épuisé par l'eau bouillante fournit une solution qui est évaporée et dont l'extrait est repris par l'alcool, puis par la potasse qui rend libre la nicotine, enfin par l'éther qui la redissout. On transforme cette nicotine en oxalate qu'on décompose par la potasse, et on dissout à nouveau la nicotine dans l'éther. On chasse l'éther; on distille le résidu dans un courant d'hydrogène, recueillant ce qui passe vers 180°.
MORPHINE	$C^{17}H^{19}AzO^3$	**Solide** cristallisé, inodore, saveur amère. Peu soluble dans l'eau : S = 1/500, soluble dans l'alcool. Forme des sels; le plus important est le chlorhydrate.
		PRÉP. { S'extrait de l'opium : on l'épuise par l'eau et on ajoute à la solution du carbonate de sodium qui précipite de la morphine, de la narcotine et du méconate de sodium. Ce précipité, traité à chaud par l'acide acétique, abandonne de l'acétate de morphine qu'on décompose par l'ammoniaque.
QUININE	$C^{20}H^{24}Az^2O^2$	**Poudre** blanche, cristalline, inodore, mais très amère. Peu soluble dans l'eau : S = 1/400; soluble dans l'alcool, l'éther. Fond à 177°. Sa solution verdit le sirop de violette. Donne des sels cristallisables; le sulfate est un fébrifuge précieux.
		PRÉP. { S'extrait du quinquina. L'écorce est épuisée par HCl, la liqueur filtrée traitée par la chaux précipite la quinine unie à la cinchonine, à des sels de calcium, à des matières colorantes. Les deux alcaloïdes sont dissous dans l'alcool bouillant et transformés en sulfates. Le sulfate de quinine cristallise le premier. On le décolore sur du noir, on le purifie par cristallisation. Traité par l'ammoniaque, ce sulfate donne la quinine.
STRYCHNINE.	$C^{21}H^{22}Az^2O^2$	**Solide** incolore, cristallisé en octaèdres, très amer, poison très violent. Très peu soluble dans l'eau; soluble dans l'alcool. Fond vers 280°. Ses sels cristallisent facilement.
		PRÉP. { S'extrait de la noix vomique, qu'on épuise par HCl; l'alcaloïde précipité par la chaux est dissous dans l'alcool bouillant. Comme la strychnine obtenue contient un autre alcaloïde, la brucine, on transforme ces bases en azotates. L'azotate de strychnine cristallise le premier; on le traite par l'ammoniaque, il se dépose la strychnine qu'on fait cristalliser par dissolution dans l'alcool bouillant.
		Amides. — Ce sont des composés azotés qui ne diffèrent des sels ammoniacaux que par une certaine quantité d'eau en moins.
URÉE. . . . . ou carbamide.	$COAz^2H^4$	**Solide** cristallisé, incolore, inodore. Fond à 132°. Très soluble dans l'eau, moins dans l'alcool, peu dans l'éther. C'est une base faible. La chaleur la décompose. Spontanément l'urée prend 2 molécules d'eau et donne du carbonate d'ammonium; cela a lieu aussi par une fermentation spéciale.
		PRÉP. { L'acide azotique mis dans de l'urine réduite au dixième de son volume, précipite de l'azotate d'urée. Cet azotate purifié est traité par la baryte qui met l'urée en liberté; on évapore et on reprend par l'alcool qui dissout l'urée; elle cristallise par refroidissement.
ACIDE URIQUE. . . .	$C^5H^4Az^4O^3$	**Solide** cristallin blanc, inodore, insipide. Très peu soluble; à froid : 1/15000; à chaud : 1/1800. Les urates alcalins sont seuls solubles.
		PRÉP. { S'extrait des excréments de boa qu'on transforme en urate de potassium; ce sel traité par HCl donne un précipité d'acide urique.
INDIGO PUR. . . . . ou indigotine.	$C^{16}H^{10}Az^2O^2$	**Solide** bleu à reflets rouge-mordoré. Insoluble dans l'eau ; très peu soluble dans l'alcool, l'éther; soluble dans le chloroforme. S'unit à l'acide sulfurique pour donner des acides sulfonés solubles: acide sulfopurpurique, acide sulfoindigotique. L'indigo est inodore et insipide. Il commence à se sublimer à 290°, sa vapeur violette a une odeur désagréable. L'indigo peut donner avec la potasse de l'aniline, et avec l'acide azotique de l'acide picrique.
		PRÉP. { 1° L'indigo bleu peut être préparé assez pur en sublimant l'indigo commercial. 2° On préfère passer par l'*indigo blanc* qui est soluble, et qui ne diffère de l'indigotine qu'en ce qu'il contient H² en plus. Pour cela on traite l'indigo commercial par du sulfate ferreux dissous et par de la chaux, à l'abri de l'air : on obtient une solution incolore d'indigo blanc qui, acidulée par HCl et exposée à l'air, donne des flocons d'indigotine bleue.

ALBUMINE . . . . . et ses congénères	$(C^{13}H^{112}Az^{18}SO^{22})$	L'albumine est cette matière transparente, inodore, qui constitue le blanc d'œuf. Desséchée au-dessous de 40°, ou évaporée dans le vide, c'est une masse amorphe, transparente, soluble dans l'eau. Cette solution (on le blanc d'œuf) se coagule vers 75° et devient blanche, opaque et consistante. L'alcool, les acides minéraux en général, le tannin, coagulent l'albumine. PRÉP. { On reçoit le blanc d'un œuf dans trois fois son volume d'eau; on filtre sur un linge et on traite le liquide par le sous-acétate de plomb. Le précipité, mis en suspension dans l'eau, est traité par un courant de gaz carbonique. On filtre : les dernières traces de plomb sont précipitées par H^2S. En chauffant légèrement on produit une faible coagulation qui retient le sulfure de plomb. On filtre, on a une solution d'albumine pure.
CASÉINE		C'est le principe azoté du lait. — La caséine est soluble, et sa solution ne se coagule pas par l'ébullition, mais tous les acides la coagulent. PRÉP. { On ajoute au lait un peu d'acide acétique et on lave à l'eau, à l'alcool, à l'éther le précipité coagulé obtenu.
FIBRINE		Elle est en dissolution dans le sang. — Solide blanc, inodore, insipide, mou à l'état humide, cassant quand il est sec. Insoluble dans l'eau et dans l'alcool. PRÉP. { Le sang libre se partage en deux parties : 1° une partie liquide, jaune, est le sérum; 2° une partie coagulée, rouge, est le caillot formé de fibrine emprisonnant les globules; on la lave sous un filet d'eau qui entraine les globules et laisse la fibrine sous forme de filaments.
GLUTEN		C'est le principe azoté des farines.- Le gluten contient : 1° la *fibrine végétale*, insoluble dans l'alcool bouillant; 2° la *caséine végétale*; 3° la *glutine*, analogue à l'albumine. PRÉP. { Le gluten est un résidu du malaxage sous l'eau de la pâte de farine; on obtient une masse molle, plastique. Le gluten se putréfie à l'air humide.
GÉLATINE		Solide transparent, incolore, inodore. Se ramollit dans l'eau froide, se dissout dans l'eau bouillante, et cette solution se prend en gelée en se refroidissant, si elle contient plus de 1 °/₀ de gélatine. Les solutions plus étendues sont précipitées par le tannin et l'alcool. La gélatine fortement chauffée fond, puis brûle avec une mauvaise odeur. La colle de poisson est de la gélatine pure; on l'obtient avec les membranes internes de la vessie natatoire des esturgeons. Les autres gélatines, colle forte, colle de peau, s'obtiennent en faisant bouillir avec de l'eau des peaux, des cartilages, des os, etc.; l'eau fait éprouver une transformation à l'*osséine*, à la *myosine*, etc.

ARITHMÉTIQUE

Caractères de divisibilité par 11; par 7 et par 13.

Par 11. — Un nombre est divisible par 11 quand la somme des chiffres de rang impair, à partir de la droite, diminuée de la somme des chiffres de rang pair, est nulle ou divisible par 11.

(Lorsque la première somme est inférieure à la seconde, on l'augmente d'un multiple de 11 qui rende la soustraction possible.)

Par 7 ou par 13. — On divise le nombre en tranches de trois chiffres, à partir de la droite. Le nombre est divisible par 7 (ou par 13) si la différence entre la somme des tranches de rang impair et la somme des tranches de rang pair est nulle ou divisible par 7 (ou par 13).

EXEMPLES :

5812472 n'est pas divisible par 11, parce que
$$2+4+1+5 \text{ (augmenté de 11)} = 23$$
$$\text{moins } 7+2+8 = 17$$
donne pour reste $\overline{6}$
(Le reste de la division est 6.)

28135457 est divisible par 7, parce que
$$457+28-135 = \text{multiple de 7.}$$
28135457 n'est pas divisible par 13, parce que
$$457+28-135 \text{ n'est pas multiple de 13 (le reste est 12).}$$

Divisibilité.

Lorsqu'on a à rechercher les caractères de divisibilité d'une expression, il est souvent utile de remarquer qu'un nombre entier est toujours de l'une des formes

$$2n, \quad 2n+1, \qquad 4n, \quad 4n \pm 1, \quad 4n \pm 2,$$
$$3n, \quad 3n \pm 1, \qquad 5n, \quad 5n \pm 1, \quad 5n \pm 2, \text{ etc.};$$

qu'un carré est de l'une des formes $5n, \quad 5n \pm 1$;

un carré impair, de la forme $8n+1$;

un cube, de l'une des formes $7n, \quad 7n \pm 1, \quad 9n', \quad 9n' \pm 1$;

une quatrième puissance, de l'une des formes $5n, \quad 5n+1, \quad$ etc;

Nombres premiers.

Tout nombre premier supérieur à 3 est de la forme $6n \pm 1$. (La réciproque n'est pas vraie.)

Diviseurs d'un nombre.

N nombre considéré, égal à $a^\alpha b^\beta c^\gamma \ldots$

n nombre des diviseurs de N
S somme — —
P produit — —
} y compris 1 et N

n_1 nombre des entiers inférieurs à N et premiers avec N.
} y compris l'unité

$$n = (\alpha + 1)(\beta + 1)(\gamma + 1)\ldots$$

$$S = \frac{(a^{\alpha+1}-1)(b^{\beta+1}-1)(c^{\gamma+1}-1)\ldots}{(a-1)(b-1)(c-1)}$$

$$P = N^{\frac{n}{2}} = N^{\frac{(\alpha+1)(\beta+1)(\gamma+1)\ldots}{2}}$$

$$n_1 = N\left(1 - \frac{1}{a}\right)\left(1 - \frac{1}{b}\right)\ldots$$

ou

$$n_1 = a^{\alpha-1}b^{\beta-1}\ldots(a-1)(b-1)\ldots$$

Théorème de Fermat.

p étant premier absolu et premier avec a,
$$a^{p-1} - 1$$
est divisible par p.

Théor. de Fermat généralisé.

A étant premier avec n, $\quad A^{n_1} - 1$ est divisible par N.

(On a vu ci-dessus ce que représente n_1.)

Théorème de Wilson.

p étant premier absolu,
$$1.2.3. \ldots (p-2)(p-1) + 1$$
est divisible par p. *(La réciproque est vraie.)*

Table des nombres premiers

1	263	613	997	1423	1811	2267	2693	3167	3607	4057
2	69	17	1009	27	23	69	99	69	13	73
3	71	19	13	29	31	73	2707	81	17	79
5	77	31	19	33	47	81	11	87	23	91
7	81	41	21	39	61	87	13	91	31	93
11	83	43	31	47	67	93	19	3203	37	99
13	93	47	33	51	71	97	29	09	43	4111
17	307	53	39	53	73	2309	31	17	59	27
19	11	59	49	59	77	11	41	21	71	29
23	13	61	51	71	79	33	49	29	73	33
29	17	73	61	81	89	39	53	51	77	39
31	31	77	63	83	1901	41	67	53	91	53
37	37	83	69	87	07	47	77	57	97	57
41	47	91	87	89	13	51	89	59	3701	59
43	49	701	91	93	31	57	91	71	09	77
47	53	09	93	99	33	71	97	99	19	4201
53	59	19	97	1511	49	77	2801	3301	27	11
59	67	27	1103	23	51	81	03	07	33	17
61	73	33	09	31	73	83	19	13	39	19
67	79	39	17	43	79	89	33	19	61	29
71	83	43	23	49	87	93	37	23	67	31
73	89	51	29	53	93	99	43	29	69	41
79	97	57	51	59	97	2411	51	31	79	43
83	401	61	53	67	99	17	57	43	93	53
89	09	69	63	71	2003	23	61	47	97	59
97	19	73	71	79	11	37	79	59	3803	61
101	21	87	81	83	17	41	87	61	21	71
03	31	97	87	97	27	47	97	71	23	73
07	33	809	93	1601	29	59	2903	73	33	83
09	39	11	1201	07	39	67	09	89	47	89
13	43	21	13	09	53	73	17	91	51	97
27	49	23	17	13	63	77	27	3407	53	4327
31	57	27	23	19	69	2503	39	13	63	37
37	61	29	29	21	81	21	53	33	77	39
39	63	39	31	27	83	31	57	49	81	49
49	67	53	37	37	87	39	63	57	89	57
51	79	57	49	57	89	43	69	61	3907	63
57	87	59	59	63	99	49	71	63	11	73
63	91	63	77	67	2111	51	99	67	17	91
67	99	77	79	69	13	57	3001	69	19	07
73	503	81	83	93	29	79	11	91	23	4409
79	09	83	89	97	31	91	19	99	29	21
81	21	87	91	99	37	93	23	3511	31	23
91	23	907	97	1709	41	2609	37	17	43	41
93	41	11	1301	21	43	17	41	27	47	47
97	47	19	03	23	53	21	49	29	67	51
99	57	29	07	33	61	33	61	33	89	57
211	63	37	19	41	79	47	67	39	4001	63
23	69	41	21	47	2203	57	79	41	03	81
27	71	47	27	53	07	59	83	47	07	83
29	77	53	61	59	13	63	89	57	13	93
33	87	67	67	77	21	71	3109	59	19	4507
39	93	71	73	83	37	77	19	71	21	13
41	99	77	81	87	39	83	21	81	27	17
51	601	83	99	89	43	87	37	83	49	19
57	07	91	1409	1801	51	89	63	93	51	23

inférieurs à 10000.

4547	5011	5507	6007	6473	6971	7517	8009	8537	9011	9491
49	21	19	11	81	77	23	11	39	13	97
61	23	21	29	91	83	29	17	43	29	9511
67	39	27	37	6521	91	37	39	63	41	21
83	51	31	43	29	97	41	53	73	43	33
91	59	57	47	47	7001	47	59	81	49	39
97	77	63	53	51	13	49	69	97	59	47
4603	81	69	67	53	19	59	81	99	67	51
21	87	73	73	63	27	61	87	8609	91	87
37	99	81	79	69	39	73	89	23	9103	9601
39	5101	91	89	71	43	77	93	27	09	13
43	07	5623	91	77	57	83	8101	29	27	19
49	13	39	6101	81	69	89	11	41	33	23
51	19	41	13	99	79	91	17	47	37	29
57	47	47	21	6607	7103	7603	23	63	51	31
63	53	51	31	19	09	07	47	69	57	43
73	67	53	33	37	21	21	61	77	61	49
79	71	57	43	53	27	39	67	81	73	61
91	79	59	51	59	29	43	71	89	81	77
4703	89	69	63	61	51	49	79	93	87	79
21	97	83	73	73	59	69	91	99	99	89
23	5209	89	97	79	77	73	8209	8707	9203	97
29	27	93	99	89	87	81	19	13	09	9719
33	31	5701	6203	91	93	87	21	19	21	21
51	33	11	11	6701	7207	91	31	31	27	33
59	37	17	17	03	11	99	33	37	39	39
83	61	37	21	09	13	7703	37	41	41	43
87	73	41	29	19	19	17	43	47	57	49
89	79	43	47	33	29	23	63	53	77	67
93	81	49	57	37	37	27	69	61	81	69
99	97	79	63	61	43	41	73	79	83	81
4801	5303	83	69	63	47	53	87	83	93	87
13	09	91	71	79	53	57	91	8803	9311	91
17	23	5801	77	81	83	59	93	07	19	9803
31	33	07	87	91	97	89	97	19	23	11
61	47	13	99	93	7307	93	8311	21	37	17
71	51	21	6301	6803	09	7817	17	31	41	29
77	81	27	11	23	21	23	29	37	43	33
89	87	39	17	27	31	29	53	39	49	39
4903	93	43	23	29	33	41	63	49	71	51
09	99	49	29	33	49	53	69	61	77	57
19	5407	51	37	41	51	67	77	63	91	59
31	13	57	43	57	69	73	87	67	97	71
33	17	61	53	63	93	77	89	87	9403	83
37	19	67	59	69	7411	79	8419	93	13	87
43	31	69	61	71	17	83	23	8923	19	9901
51	37	79	67	83	33	7901	29	29	21	07
57	41	81	73	09	51	07	31	33	31	23
67	43	97	79	6907	57	19	43	41	33	29
69	49	5903	89	11	59	27	47	51	37	31
73	71	23	97	17	77	33	61	63	39	41
87	77	27	6421	47	81	37	67	69	61	49
93	79	39	27	49	87	49	8501	71	63	67
99	83	53	49	59	89	51	13	99	67	73
5003	5501	81	51	61	99	63	21	9001	73	
09	03	87	69	67	7507	93	27	07	70	

Table des plus petits diviseurs

(On reconnaît immédiatement les diviseurs 2 et 5; on

N.	D.	N.	D.	N.	D.	N.	D.	N.	D.	N.	D.	N.	D.
169	13	1271	31	2071	19	2869	19	3551	53	4247	31	4891	67
221	13	73	19	77	31	73	13	69	43	67	17	97	59
47	13	1313	13	2117	29	81	43	87	17	4303	13	4901	13
89	17	33	31	19	13	99	13	89	37	07	59	13	17
99	13	39	13	47	19	2911	41	99	59	09	31	27	13
323	17	43	17	59	17	21	23	3601	13	13	19	79	13
61	19	49	19	71	13	23	37	11	23	21	29	81	17
77	13	57	23	73	41	29	29	29	19	31	61	97	19
91	17	63	29	83	37	41	17	49	41	43	43	5017	29
403	13	69	37	97	13	51	13	53	13	51	19	29	47
37	19	87	19	2201	31	77	13	67	19	69	17	41	71
81	13	91	13	09	47	83	19	79	13	79	29	53	31
93	17	1403	23	27	17	87	29	83	29	81	13	57	13
527	17	11	17	31	23	93	41	3713	47	87	41	63	61
29	23	17	13	49	13	3007	31	21	61	93	23	69	37
33	13	57	31	57	37	13	23	37	37	99	53	83	13
51	19	69	13	63	31	29	13	43	19	4427	19	5111	19
59	13	1501	19	79	43	43	17	49	23	29	43	23	47
89	19	13	17	91	29	53	43	57	13	39	23	29	23
611	13	17	37	2323	23	71	37	63	53	53	61	41	53
29	17	37	29	27	13	77	17	81	19	69	41	43	37
67	23	41	23	29	17	97	19	91	17	71	17	49	19
89	13	77	19	53	13	3103	29	99	29	89	67	61	13
97	17	91	37	63	17	07	13	3809	13	4511	13	77	31
703	19	1633	23	69	23	27	53	11	37	31	23	83	71
13	23	43	31	2407	29	31	31	27	43	37	13	91	29
31	17	49	17	13	19	33	13	41	23	41	19	5207	41
67	13	51	13	19	41	39	43	59	17	53	29	13	13
79	19	79	23	49	31	49	47	69	53	59	47	19	17
93	13	81	41	61	23	51	23	87	13	73	17	21	23
99	17	91	19	79	37	61	29	93	17	77	23	39	13
817	19	1703	13	83	13	73	19	3901	47	79	19	49	29
41	29	11	29	89	19	93	31	37	31	89	13	51	59
51	23	17	17	91	47	97	23	53	59	4601	43	63	19
71	13	39	37	2501	41	3211	13	59	37	07	17	67	23
93	19	51	17	07	23	33	53	61	17	19	31	87	17
99	29	63	41	09	13	39	41	73	29	33	41	93	67
901	17	69	29	33	17	47	17	77	41	61	59	5311	47
23	13	81	13	37	43	63	13	79	23	67	13	17	13
43	23	1807	13	61	13	77	29	91	13	81	31	21	17
49	13	17	23	67	17	81	17	4009	19	87	43	29	73
61	31	19	17	73	31	87	19	31	29	93	13	39	19
89	23	29	31	81	29	93	37	33	37	99	37	53	53
1003	17	43	19	87	13	3317	31	43	13	4709	17	59	23
07	19	49	43	99	23	37	47	61	31	17	53	63	31
27	13	53	17	2603	19	41	13	63	17	27	29	71	41
37	17	91	31	23	43	49	17	69	13	47	47	77	19
73	29	1909	23	27	37	79	31	87	61	57	67	89	17
79	13	19	19	41	19	83	17	97	17	69	19	5429	61
81	23	21	17	69	17	97	43	4117	23	71	13	47	13
1121	19	27	41	2701	37	3401	19	21	13	77	17	59	53
39	17	37	13	43	13	03	41	41	41	4811	17	61	43
47	31	43	29	47	41	19	13	63	23	19	61	73	13
57	13	57	19	59	31	27	23	71	43	41	47	91	17
59	19	61	37	71	17	31	47	81	37	43	29	07	23
89	29	63	13	73	47	39	19	83	47	47	37	5513	37
1207	17	2021	43	2809	53	73	23	87	53	49	13	39	29
19	23	33	19	13	29	81	59	89	59	53	23	43	23
41	17	41	13	31	19	97	13	99	13	59	43	49	31
47	29	47	23	39	17	3503	31	4223	41	67	31	61	67
61	13	59	29	67	47	23	13	37	19	83	19	67	19

des nombres de 1 à 10000.

essaiera 3, 7 et 11 : la Table commence au diviseur 13.)

N.	D.	N.	D.	N.	D.	N.	D.	N.	D.	N.	D.	N.	D.
5587	37	6233	23	6889	83	7471	31	8137	79	8759	19	9367	17
07	29	39	17	93	61	93	59	43	17	73	31	79	83
5603	13	41	79	6901	67	7501	13	49	29	77	67	89	41
09	71	53	13	13	31	19	73	53	31	91	59	9407	23
11	31	83	61	29	13	31	17	59	41	97	19	09	97
17	41	89	19	31	29	43	19	77	13	8801	13	51	13
27	17	6313	59	43	53	71	67	89	19	09	23	69	17
29	13	19	71	53	17	97	71	8201	59	43	37	81	19
33	43	31	13	73	19	7613	23	03	13	51	53	87	53
71	53	41	17	89	29	19	19	07	29	57	17	9503	13
81	13	71	23	7003	47	27	29	13	43	73	19	09	37
99	41	83	13	09	43	31	13	27	19	79	13	17	31
5707	13	6401	37	31	79	33	17	49	73	81	83	23	89
13	29	03	19	33	13	57	13	51	37	91	17	29	13
23	59	07	43	37	31	61	47	57	23	8903	29	53	41
29	17	09	13	61	23	63	79	79	17	09	59	57	19
59	13	31	59	67	37	97	43	99	43	17	37	63	73
67	73	37	41	81	73	7709	13	8303	19	27	79	71	17
71	29	39	47	87	19	29	59	21	53	47	23	77	61
73	23	43	17	93	41	39	71	33	13	57	13	89	43
77	53	63	23	97	47	47	61	39	31	61	17	93	53
5809	37	67	29	99	31	51	23	41	19	77	47	99	29
33	19	87	13	7111	13	69	17	47	17	83	13	9607	13
37	13	93	43	23	17	71	19	57	61	89	89	17	59
91	43	97	73	41	37	81	31	59	13	93	17	37	23
93	71	99	67	53	23	83	43	81	17	9017	71	41	31
99	17	6509	23	57	17	87	13	83	83	19	29	59	13
5909	19	11	17	63	13	7801	29	99	37	47	83	71	19
11	23	27	61	69	67	07	37	8401	31	61	13	73	17
17	61	33	47	71	71	11	73	11	13	71	47	83	23
21	31	39	13	81	43	13	13	13	47	73	43	9701	89
33	17	41	31	99	23	31	41	17	19	77	29	03	31
41	13	57	79	7201	19	37	17	41	23	83	31	07	17
47	19	83	29	23	31	49	47	53	79	89	61	27	71
59	59	93	19	41	13	59	29	71	43	9101	19	31	37
63	67	6613	17	61	53	71	17	73	37	13	13	61	43
69	47	17	13	67	13	91	13	79	61	31	23	63	13
77	43	23	37	77	19	97	53	83	17	59	13	73	29
83	31	31	19	79	29	7913	41	89	13	43	41	97	07
89	53	41	29	89	37	21	89	97	29	67	89	99	41
93	13	47	17	91	23	39	17	8507	47	69	53	9803	17
6001	17	49	61	7303	67	43	13	09	67	79	07	27	31
19	13	67	59	13	71	57	73	31	19	83	29	41	13
23	19	83	41	19	13	61	19	49	83	97	17	47	43
31	37	97	37	27	17	67	31	51	17	9211	61	53	59
49	23	6707	19	39	41	69	13	57	43	17	13	69	71
59	73	31	53	61	17	79	79	67	13	23	23	81	41
71	13	39	23	63	37	81	23	79	79	53	19	83	13
77	59	49	17	67	53	91	61	87	31	59	47	99	19
6103	17	51	43	73	73	99	19	93	13	63	59	9913	23
07	31	57	29	79	47	8003	53	8611	79	69	13	17	47
09	41	67	67	87	83	21	13	21	37	71	73	37	19
19	29	73	13	91	19	23	71	33	89	87	37	43	61
37	17	99	13	97	13	27	23	39	53	99	17	53	37
57	47	6817	17	7409	31	33	29	51	41	9301	71	59	23
61	61	21	19	21	41	47	13	53	17	07	41	71	13
69	31	47	41	23	13	51	83	71	13	13	67	79	17
79	37	51	13	29	17	77	41	83	19	29	19	83	67
87	23	59	19	39	43	83	59	8711	31	47	13	91	97
91	41	77	13	53	29	8119	23	17	23	53	47	97	13
6227	13	87	71	63	17	31	47	49	13				

Table des racines carrées des nombres de 1 à 100.

N	RACINES	N	RACINES	N	RACINES	N	RACINES
2	1,414 213 6	27	5,196 152 4	52	7,211 102 6	76	8,717 797 9
3	732 050 8	28	291 502 6	53	280 109 9	77	774 964 4
		29	385 164 8	54	348 469 2	78	831 760 9
5	2,236 068 0	30	477 225 6	55	416 198 4	79	888 194 4
6	449 489 7	31	567 764 4	56	483 314 8	80	944 271 9
7	645 751 3	32	656 854 2	57	549 834 4		
8	828 427 1	33	744 562 6	58	615 773 1	82	9,055 385 1
		34	830 951 9	59	681 145 7	83	110 433 6
10	3,162 277 7	35	916 079 8	60	745 966 7	84	165 151 4
11	316 624 8			61	810 249 7	85	219 544 5
12	464 101 6	37	6,082 762 5	62	874 007 9	86	273 618 5
13	605 551 3	38	164 414 0	63	937 253 9	87	327 379 1
14	741 657 4	39	244 998 0			88	380 831 5
15	872 983 3	40	324 555 3	65	8,062 957 7	89	433 981 1
		41	403 124 2	66	124 038 4	90	486 833 0
17	4,123 105 6	42	480 740 7	67	185 352 8	91	539 392 0
18	242 640 7	43	557 438 5	68	246 211 3	92	591 663 0
19	358 898 9	44	633 249 6	69	306 623 9	93	643 650 8
20	472 136 0	45	708 203 9	70	366 600 3	94	695 359 7
21	582 575 7	46	782 330 0	71	426 149 8	95	746 794 3
22	690 415 8	47	855 654 6	72	485 281 4	96	797 959 0
23	795 831 5	48	928 203 2	73	544 003 7	97	848 857 8
24	898 979 5			74	602 325 3	98	899 494 9
		50	7,071 067 8	75	660 254 0	99	949 874 4
26	5,099 019 5	51	141 428 4				

Valeur numérique de certaines expressions que l'on rencontre en géométrie.

$$\sqrt{2 + \sqrt{2}} = 1,8477591 \qquad \sqrt{2 - \sqrt{2}} = 0,7653669$$

$$\sqrt{4 + 2\sqrt{2}} = 2,6131259 \qquad \sqrt{4 - 2\sqrt{2}} = 1,0823922$$

$$\sqrt{10 + 2\sqrt{5}} = 3,8042261 \qquad \sqrt{10 - 2\sqrt{5}} = 2,3511410$$

$$\sqrt{50 + 10\sqrt{5}} = 8,5065081 \qquad \sqrt{50 - 10\sqrt{5}} = 5,1613293$$

ALGÈBRE

Développement de polynomes.

$$(a + b)^2 = a^2 + 2ab + b^2$$

$$(a + b)^3 = a^3 + 3a^2b + 3ab^2 + b^3 = a^3 + b^3 + 3ab(a + b)$$

$$(a + b)^4 = a^4 + 4a^3b + 6a^2b^2 + 4ab^3 + b^4$$

$$(a + b)^5 = a^5 + 5a^4b + 10a^3b^2 + 10a^2b^3 + 5ab^4 + b^5$$

$$\cdots \cdots \cdots \cdots \cdots \cdots \cdots \cdots \cdots \cdots \cdots$$

$$(a+b)^m = a^m + \frac{m}{1} a^{m-1} b + \frac{m(m-1)}{1.2} a^{m-2} b^2 + \frac{m(m-1)(m-2)}{1.2.3} a^{m-3} b^3$$
$$+ \cdots \cdots \cdots + \frac{m}{1} ab^{m-1} + b^m$$

$$(a+b+c)^2 = a^2 + b^2 + c^2 + 2ab + 2bc + 2ca$$

$$(a+b-c)^2 = a^2 + b^2 + c^2 + 2ab - 2bc - 2ca.$$

Identités.

$$(a^2 + b^2)(a'^2 + b'^2) = (aa' + bb')^2 + (ab' - ba')^2$$

$$(a^2+b^2+c^2)(a'^2+b'^2+c'^2) = (aa'+bb'+cc')^2+(bc'-cb')^2+(ca'-ac')^2+(ab'-ba')^2$$

$$(a^2+b^2+c^2+d^2)(a'^2+b'^2+c'^2+d'^2) = (aa'+bb'+cc'+dd')^2+(ba'-ab'+cd'-dc')^2$$
$$+(ca'-ac'+db'-bd')^2+(da'-ad'+bc'-cb')^2$$

Sommations.

$$S_1 = 1 + 2 + 3 + \cdots \cdots \cdots \cdots + n = \frac{n(n+1)}{2}$$

$$S_2 = 1^2 + 2^2 + 3^2 + \cdots \cdots \cdots \cdots + n^2 = \frac{n(n+1)(2n+1)}{6}$$

$$S_3 = 1^3 + 2^3 + 3^3 + \cdots \cdots \cdots \cdots + n^3 = \left[\frac{n(n+1)}{2}\right]^2$$

$$S_4 = 1^4 + 2^4 + 3^4 + \cdots \cdots \cdots \cdots + n^4 = \frac{n^5}{5} + \frac{n^4}{2} + \frac{n^3}{3} - \frac{n}{30}$$

$$S_5 = 1^5 + 2^5 + 3^5 + \cdots \cdots \cdots \cdots + n^5 = \frac{5}{3} \cdot \frac{S_2 S_4}{S_1} - \frac{2}{3} S_1^3$$

$$1 + 3 + 5 + \cdots \cdots \cdots + (2n - 1) = n^2$$

$$1^2 + 3^2 + 5^2 + \cdots \cdots \cdots + (2n - 1)^2 = \frac{n(2n-1)(2n+1)}{3}$$

$$2 + 4 + 6 + \cdots \cdots \cdots + 2n = n(n+1)$$

$$2^2 + 4^2 + 6^2 + \cdots \cdots \cdots + (2n)^2 = \frac{2n(n+1)(2n+1)}{3}$$

Équations.

Une équation du $n^{ième}$ degré a n racines.

Le nombre des solutions d'un système d'équations est égal au produit des degrés de ces équations.

Maxima et minima de la fraction $\dfrac{ax^2 + bx + c}{a'x^2 + b'x + c'}$.

On égale cette fraction à y; on chasse le dénominateur et on fait tout passer dans un même membre. Soit $\varphi(y)$ le réalisant de l'équation obtenue.

Les valeurs que prend y sont les mêmes que celles qui satisfont à la relation conditionnelle $\varphi(y) \geqslant 0$.

Deux cas, selon que $\varphi(y)$ est du second degré ou du premier degré.

1er Cas. $\varphi(y) = Ay^2 + By + C.$

Si $B^2 - 4AC > 0$, il faut résoudre la relation $A(y - y')(y - y'') \geqslant 0$.

$$\text{hypothèse } y' < y''$$

$$\text{CONSÉQUENCE} \quad \begin{cases} A > 0 & y' \text{ max.} & y'' \text{ min.} \\ A < 0 & y' \text{ min.} & y'' \text{ max.} \end{cases}$$

Si $B^2 - 4AC = 0$, il faut résoudre la relation $A(y - y')^2 \geqslant 0$.

$$\text{CONSÉQUENCE} \quad \begin{cases} A > 0 & y \text{ peut prendre toutes les valeurs de } -\infty \text{ à } +\infty \\ & \text{ni maximum, ni minimum.} \\ A < 0 & y \text{ est constant.} \end{cases}$$

Si $B^2 - 4AC < 0$, y peut prendre toutes les valeurs de $-\infty$ à $+\infty$.

$$\text{ni maximum, ni minimum.}$$

2me Cas. $\varphi(y) = Ay + B.$

Il faut résoudre la relation $Ay + B \geqslant 0$.

Si $A > 0$, $-\dfrac{B}{A}$ est un minimum.

Si $A < 0$, $-\dfrac{B}{A}$ est un maximum.

NOTES

GÉOMÉTRIE

Aires.

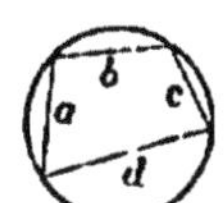

Trapèze de seconde espèce.

$$\frac{(B^2 + b^2)h}{2(B + b)}$$

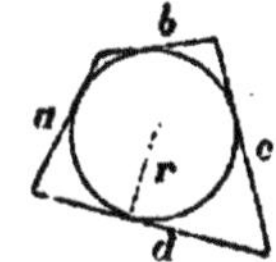

Quadrilatère inscriptible.

$$\sqrt{(p - a)(p - b)(p - c)(p - d)}$$

p étant égal à $\dfrac{a + b + c + d}{2}$

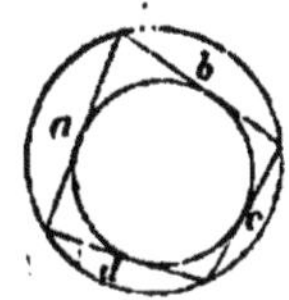

Quadrilatère circonscriptible.

$$pr$$

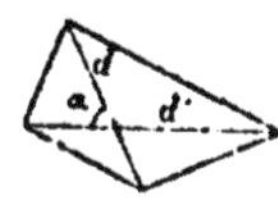

Quadrilatère inscriptible et circonscriptible

$$\sqrt{a\,b\,c\,d}$$

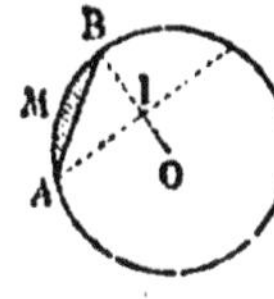

Quadrilatère quelconque.

$$\frac{1}{2}\,d\,d'\,\sin\alpha$$

α, angle formé par les diagonales d, d'.

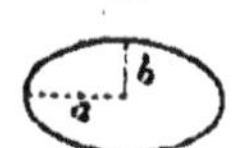

Segment circulaire.

$$\frac{R}{2}\,(\text{arc AMB} - AI)$$

AI, demi-corde de l'arc double.

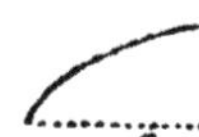

Ellipse.

$$\pi\,a\,b$$

Parabole.

$$\frac{2}{3}\,ab$$

NOTES

Volumes.

Tétraèdre.

$$1^{\circ}\ \frac{abc}{3}\sqrt{\sin p\,\sin(p-\alpha)\sin(p-\beta)\sin(p-\gamma)}$$

$$p \text{ étant égal à } \frac{\alpha+\beta+\gamma}{2}.$$

$$2^{\circ}\ \frac{1}{12}\sqrt{\begin{array}{l}4a^2b^2c^2 - a^2(b^2+c^2-a'^2)^2\\ -b^2(c^2+a^2-b'^2)^2-c^2(a^2+b^2-c'^2)^2\\ +(b^2+c^2-a'^2)(c^2+a^2-b'^2)(a^2+b^2-c'^2)\end{array}}$$

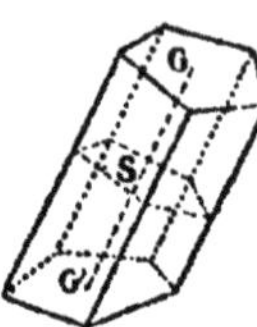

Tronc de prisme quelconque.

$$S \times GG'$$

$S,$ section droite.
$G, G',$ centres de gravité des bases.

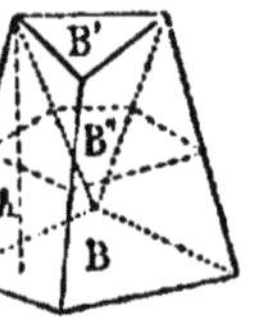

Polyèdre ayant pour bases deux polygones quelconques situés dans des plans parallèles, et pour faces latérales des trapèzes ou des triangles.

$$\frac{h}{6}(B + B' + 4B'')$$

$h,$ hauteur.
$B, B',$ bases.
$B'',$ section équidistante des bases.

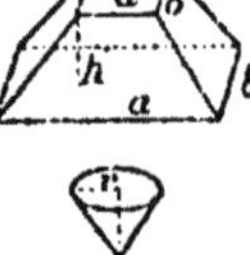

Tas de cailloux.

$$\frac{h}{6}[b(2a + a') + b'(2a' + a)]$$

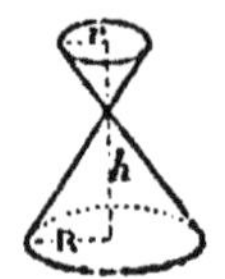

Tronc de cône de seconde espèce.

$$\frac{\pi h}{3}(R^2 + r^2 - Rr)$$

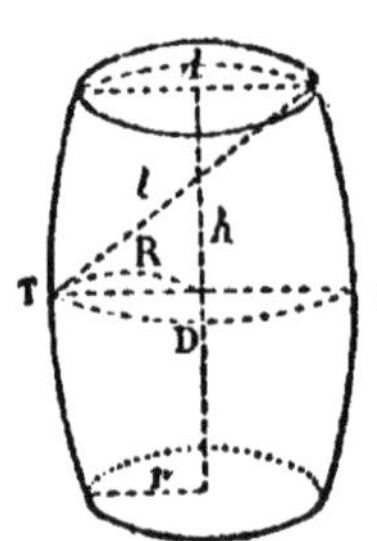

Tonneaux.

1° Formule anglaise d'Ougthred :
$$\frac{\pi h}{12}(2D^2 + d^2) = 0{,}262h(2D^2 + d^2)$$

2° Formule de Dèz, usitée en France :
$$\pi h\left(\frac{5D + 3d}{16}\right)^2$$

3° Formule moins simple, mais qui est le mieux appropriée à la forme générale des tonneaux :
$$\frac{1}{3}\pi h\left[2R^2 + r^2 - \frac{1}{3}(R^2 - r^2)\right]$$

4° Formule grossièrement approchée, qu'on emploie souvent dans les octrois :
$$0{,}605\,.l^3$$
(La longueur l est mesurée avec un bâton, qu'on introduit par le trou de bonde T.)

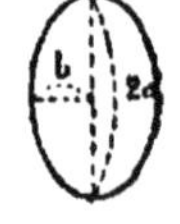

Ellipsoïde de révolution.

$$\frac{4}{3}\pi ab^2$$

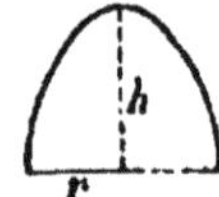

Paraboloïde de révolution.

$$\frac{\pi r^2 h}{2}$$

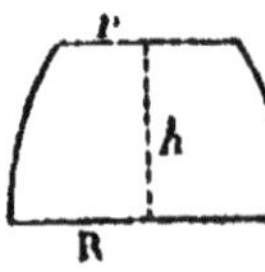

Paraboloïde de révolution tronqué.

$$\pi(R^2 + r^2)h$$

Librairie NONY et Cⁱᵉ, boulevard Saint-Germain 63, à Paris.

Pour la préparation de la partie écrite de l'examen, les candidats aux *Bacca-lauréats* ont besoin d'avoir, outre le *Formulaire* :

1° Les *Annales du Baccalauréat (classique et moderne)* parties scientifiques, publication annuelle qui renferme *tous* les sujets donnés, dans l'année, aux examens écrits, dans toutes les académies.

2° Les *Problèmes de baccalauréat*, où se trouvent résolus tous les problèmes énoncés dans ces *Annales* et qui peuvent concourir à former un ensemble de *plans de solutions* complet, c'est-à-dire embrassant les différentes matières sur lesquelles les candidats peuvent avoir à composer.

Les problèmes sont classés méthodiquement sous les en-têtes suivants : arith-métique, algèbre, géométrie, trigonométrie, géométrie descriptive, mécanique, cosmographie ; — pesanteur, acoustique, optique, chaleur, électricité et magné-tisme. Les subdivisions sont faites dans l'ordre du programme.

Au fur et à mesure des rééditions, on remplace les problèmes anciens par de nouveaux, de manière à maintenir les *Problèmes de baccalauréat* en concor-dance avec le niveau de l'examen, qui s'élève progressivement.

ANNALES DES BACCALAURÉATS SCIENTIFIQUES, CLASSIQUE *lettres-mathéma-tiques,* **MODERNE** *lettres-mathématiques et lettres-sciences* (parties scientifiques). — In-18, avec figures dans le texte. Abonnement d'un an. . . . . . 2 fr. 75
Chacune des années 1895 à 1898 se vend également. . . . . 2 fr. 75

PROBLÈMES DE BACCALAURÉAT (1.200 problèmes donnés aux examens récents des baccalauréats. — **Solutions-types).**

Première partie (**Mathématiques**), par H. Vuibert, directeur du *Journal de Mathématiques élémentaires.* — Un vol. in-8°, 2ᵉ édition . . . 5 fr. »

Deuxième partie (**Physique et Chimie**), par Emile Bouant, ancien élève de l'école normale supérieure, agrégé des sciences physiques, professeur au lycée Charlemagne. — Un vol. in-8°, 3ᵉ édition. . . . . 3 fr. »

JOURNAL
DE
MATHÉMATIQUES ÉLÉMENTAIRES

Publié par **H. VUIBERT**

(23ᵉ année)

A L'USAGE DES ASPIRANTS AUX BACCALAURÉATS D'ORDRE SCIENTIFIQUE
ET DES CANDIDATS AUX ÉCOLES DU GOUVERNEMENT

(Mathématiques, Physique, Chimie.)

Le *Journal de Mathématiques élémentaires* est un précieux auxiliaire pour les candidats aux Baccalauréats et aux écoles du Gouvernement. Il fait naître entre eux une noble ému-lation, qui, en stimulant les efforts de chacun, favorise les progrès de tous.

Les problèmes de mathématiques et de physique sont livrés aux recherches des abonnés, qui ont vingt jours pour envoyer leur travail à la Rédaction. Les meilleures solutions, corrigées et complétées au besoin, sont insérées, avec les noms de leurs auteurs ; les autres bonnes copies sont signalées à la suite.

Le *Journal de Mathématiques élémentaires* est le compagnon d'études des élèves de sciences. Il publie les différents sujets d'examens et de concours et tient les intéressés au courant de tout ce qui a trait à leur examen.

Le Journal paraît le 1ᵉʳ et le 15 de chaque mois, sauf pendant les mois d'août et de septembre. Chaque numéro se compose de 8 pages in-4°, à deux colonnes, avec figures et épures dans le texte.

Les abonnements sont annuels : ils partent du 1ᵉʳ octobre et expirent le 15 juillet. A quelque époque de l'année que l'on s'abonne, on reçoit tous les numéros parus depuis le 1ᵉʳ octobre précédent. Adresser les souscriptions à la librairie Nony et Cⁱᵉ.

	FRANCE	ÉTRANGER
Prix du numéro.	0 fr. 30	0 fr. 35
Prix de l'abonnement annuel	5 fr. »	6 fr. »

Librairie NONY et C¹ᵉ, boulevard Saint-Germain, 63, à Paris.

REVUE DE MATHÉMATIQUES SPÉCIALES
(9ᵉ année)

Rédigée par MM. E. HUMBERT, professeur de mathématiques spéciales au lycée Louis-le-Grand, et G. PAPELIER, professeur de mathématiques spéciales au lycée d'Orléans, avec la collaboration de MM. N. CHARRUIT, E. DESSENON, Ch. RIVIÈRE, P. LAMAIRE, H. VUIBERT.

La Revue paraît mensuellement (12 numéros par an). In-4° de 24 ou 32 pages, avec figures et épures dans le texte. — Les abonnements sont annuels et partent d'octobre. A quelque époque de l'année que l'on s'abonne, on reçoit tous les numéros parus depuis le mois d'octobre précédent.

Prix de l'abonnement annuel : France, 8 fr. Étranger, 9 fr.

Prix du numéro : année en cours, 0 fr. 75; années écoulées, 1 fr.

La *Revue de Mathématiques spéciales* publie, entre autres choses, les sujets de concours pour l'admission aux écoles Normale, Polytechnique, Centrale, des Ponts et Chaussées, des Mines, des Mines de Saint-Étienne, Navale; les sujets donnés au concours général de mathématiques spéciales, à l'agrégation, aux bourses de licence, etc., des notes, problèmes, exercices divers.

Tous les sujets d'examen et de concours sont résolus (mathématiques, physique, chimie, épures).

La *Revue* est divisée en deux parties la première est plus particulièrement destinée aux candidats aux écoles Normale et Polytechnique; la seconde, aux candidats aux autres écoles et aux élèves de la classe supérieure de Mathématiques élémentaires. Les énoncés relatifs à ces deux groupes d'élèves sont séparés; mais, bien entendu, les meilleurs élèves du second groupe et les nouveaux du premier groupe ont souvent intérêt à suivre aussi la partie qui ne leur est pas spécialement destinée.

TRAITÉS DE MATHÉMATIQUES
ÉLÉMENTAIRES
A l'usage des aspirants aux baccalauréats scientifiques et des candidats aux Écoles :

Traité d'Algèbre avec des Compléments, par N. COR et J. RIEMANN. — Un fort vol. in-8° . . . . 6 fr. »

Traité d'Arithmétique avec des Compléments, par E. HUMBERT. — Un vol. in-8° . . . . 5 fr. »

Traité de Cosmographie, par A. GRIGNON. — Un vol. in-8° *(Sous pr.)*.

Traité de Géométrie, par C. GUICHARD :

Éléments. — Vol. in-8° . . . . 5 fr. »
Compléments . . . . *(En préparation.)*

Traité de Géométrie descriptive avec des Compléments (Géométrie cotée) pour les candidats à l'Institut agronomique, par X. ANTOMARI. — Un vol. gr. in-8° avec fig. et épures dans le texte . . . . 3 fr. »

Traité de Mécanique (Statique : classes de Mathématiques élémentaires et Institut agronomique), par E. CARVALLO. — Un volume in-8° . . 2 fr. 50

Trigonométrie rectiligne avec des Compléments, par E. DESSENON. — Un vol in-8°, 2ᵉ édition . . . . 3 fr. »

COURS DE MATHÉMATIQUES
A l'usage des élèves des classes de lettres.

Algèbre (classes de Troisième, Seconde, Rhétorique et Philosophie), par A. GRÉVY, docteur ès sciences, professeur agrégé au lycée Saint-Louis. — Un vol. in-12, relié toile . . . . 2 fr. »

Arithmétique (classes de Troisième, Rhétorique et Philosophie), par A. GRÉVY. — Un vol. in-12, relié toile . . . . 2 fr. »

Géométrie, par A. GRÉVY. — Un vol. in-12, relié toile . . . . . . 2 fr. 50
Géométrie plane. — Vol. in-12, relié toile. . . . . 1 fr. 50
Géométrie dans l'espace. — Vol. in-12, relié toile. . . . . . 1 fr. 25

Cosmographie (classes de Rhétorique et Philosophie), par A. GRIGNON. — Un vol. in-12, relié toile, 3ᵉ édition. . . . . 1 fr. 75

Problèmes de baccalauréat ès lettres : Problèmes, solutions, conseils *(mathématiques, physique, chimie),* par l'abbé J. LORIDAN. — Un vol. in-12, broché 1 fr. 60; relié toile . . . . 2 fr. »

LEÇONS DE CHIMIE

(Notation atomique), à l'usage des candidats aux baccalauréats, avec des *Compléments* destinés aux candidats aux écoles et aux élèves des écoles industrielles, par J. Basin, professeur agrégé au lycée de Coutances. *3ᵉ édition*. — Un fort vol. gr. in-12, broché 8 fr., cartonné toile . . . . 8 fr. 50

On vend séparément : *Métalloïdes* (Progr. de Troisième moderne) br. 2 fr. 50, cart. 3 fr. — *Métaux* (Progr. de Seconde moderne), br. 2 fr., cart. 2 fr. 50. — *Chimie générale, Chimie organique, Analyse chimique* (Progr. de Première-sciences), br. 3 fr. 50, cart. . . . . 4 fr. »

Tomes I et II réunis, à l'usage des élèves de Mathématiques élémentaires. — Un vol. *3ᵉ édition*. — Broché, 4 fr. 50; relié toile . . . . 5 fr. »

LEÇONS DE PHYSIQUE

A l'usage des candidats aux baccalauréats, avec des *Compléments* pour les candidats aux écoles et les élèves des écoles professionnelles, par J. Basin :

T. I : *Pesanteur, Hydrostatique, Chaleur* (Progr. de Troisième moderne), broché 2 fr. 50, cart. toile . . . . 3 fr. »

T. II : *Acoustique, Optique, Électricité et Magnétisme* (Progr. de Seconde moderne), broché 3 fr., cart. toile . . . . 3 fr. 50

T. III : *Compléments* (Progr. de Première-sciences) . . . . . .

COURS D'HISTOIRE NATURELLE

par E. Caustier,

agrégé des sciences naturelles, professeur au lycée de Versailles.

Anatomie et Physiologie animales et végétales à l'usage des classes de Philosophie, Première (lettres et sciences) et Mathématiques élémentaires. — Vol. in-16 relié toile avec 571 figures . . . . 3 fr. 50

Conférences de Géologie à l'usage des classes de Seconde classique et de Troisième moderne. — Un vol. gr. in-12, illustré, relié toile . 2 fr. »

Géologie et Botanique à l'usage des classes de Cinquième (classique et moderne). — Un vol. gr. in-12, illustré, relié toile.

Notions de Paléontologie à l'usage des élèves de Philosophie, de Première (sciences et lettres) et Mathématiques élémentaires. — Vol. in-16 1 fr. »

Zoologie à l'usage des classes de Sixième (classique et moderne). — Un vol. gr. in-12, illustré, relié toile . . . . 2 fr. 25

La Composition française aux examens et aux concours d'admission aux écoles spéciales, par F. Lhomme, professeur agrégé au lycée Janson, et Édouard Petit, professeur agrégé au lycée Janson, docteur ès lettres. *2ᵉ édition*. — Un vol. in-8° de 521 pages . . . . 4 fr. »

Le Thème et la Version aux examens et aux concours :

Le Thème allemand, par E. B. Lang, professeur au lycée Janson-de-Sailly et à l'école de Saint-Cyr. — Textes (2ᵉ édition), 3 fr. Traduction correspondante, avec des compléments . . . . 2 fr. »

La Version allemande, par E. B. Lang. — 2 vol. in-8°. Textes 3 fr.; traductions . . . . 1 fr. 50

Le Thème anglais, par B. H. Gausseron, professeur agrégé au lycée Janson-de-Sailly. — 2 vol. in-8°. Textes 3 fr.; traductions . . . . 1 fr. 50

La Version anglaise, par B. H. Gausseron — 2 vol. in-8°. Textes 3 fr.; traductions . . . . 1 fr. 50

Biographies d'hommes illustres : HOMMES DE GUERRE, DIPLOMATES, SAVANTS ET ARTISTES, suivies d'un *Abrégé des littératures allemande et anglaise* depuis la fin du XVIIIᵉ siècle, par J. Johan, professeur au collège Stanislas. — Un vol. in-12, *2ᵉ édition* . . . . 2 fr. »

Cours de Géométrie cotée à l'usage des candidats à Saint-Cyr, par N. Charruit, professeur agrégé (Cours de Saint-Cyr) au lycée de Lyon. — Un vol. grand in-8°, avec fig. et épures dans le texte . . . . 5 fr. »

Librairie NONY et Cie, boulevard Saint-Germain, 63, à Paris.

Dessin de Paysage (Le) à l'usage des candidats à Saint-Cyr, par N. Demarquet-Chauk, professeur à l'École spéciale militaire de Saint-Cyr :

TEXTE : *Notions de perspective* appliquée aux croquis rapides de vues d'après nature. — Joli vol. cart. toile souple . . . . 2 fr. »

PLANCHES : *Croquis rapides de vues d'après nature* avec le tracé des principales lignes de perspective. — Atlas de 24 pl. 31 × 45 . . . . 8 fr. »

Exécution des Épures et du Lavis : Instructions et Conseils. — 7e édition, in-12 avec figures dans le texte . . . . 1 fr. »
Cette brochure, écrite par une sommité de l'enseignement du dessin, rendra les plus grands services aux jeunes gens qui apprennent le dessin graphique ; elle est indispensable à ceux qui se destinent aux écoles spéciales.

Leçons de Mécanique à l'usage des candidats à Saint-Cyr, par X. Antomari. — Un vol. in-8° . . . . 2 fr. 50

Leçons de Cosmographie et de Topographie à l'usage des candidats à Saint-Cyr, par A. Maluski et le Lt-colonel Crouzet. — Un vol. in-8°. 2 fr. »

Problèmes et Épures de Géométrie descriptive, par N. Charruit. — 1re Partie, à l'usage des candidats aux écoles de Saint-Cyr et Navale, 2e édition . . . . 5 fr. »

Problèmes de Mécanique à l'usage des candidats au baccalauréat et aux écoles, par Th. Caronnet. — Un vol. in-8° . . . . 5 fr. »
Partie *Statique* seule . . . . 2 fr. 50

Recueil de Calculs logarithmiques à l'usage des candidats aux écoles du gouvernement, par P. Barbarin. — Un vol. in-4° . . . . 3 fr. 50

Recueil de Compositions françaises à l'usage des candidats à Saint-Cyr, par J. Joran. — Un vol. in-8°, 2e édition . . . . 4 fr. »

Recueil de Manuscrits allemands à l'usage des candidats à Saint-Cyr, par Th. Louber. — 2e édit. Un vol. in-12, cart. toile . . . . 3 fr. »

Compléments d'Algèbre et Notions de Géométrie analytique, par A. Macé de Lépinay, professeur agrégé au lycée Henri IV, 4e édition. — Un vol. in-8° . . . . 4 fr. 50

Cours d'Arithmétique à l'usage des candidats aux baccalauréats et aux écoles, par A. Tartinville. — Un vol. in-8°, 2e édition . . . . . 5 fr. »

Cours de Géométrie cotée à l'usage des candidats à l'école Navale, par J. Nicol, professeur agrégé (cours de Navale) au lycée Janson. — Un vol. grand in-8°, avec épures dans le texte . . . . 4 fr. »

Cours de Géométrie descriptive à l'usage des candidats aux écoles Centrale, Polytechnique, des Ponts, des Mines, des Mines de Saint-Étienne, par X. Antomari, docteur ès sciences, professeur agrégé au lycée Carnot. — Un vol. gr. in-8°, avec épures dans le texte . . . . 10 fr. »

Relations entre les éléments d'un triangle : 273 formules avec leurs démonstrations. — Un vol. in-8° . . . . 2 fr. 50

ENSEIGNEMENT SECONDAIRE DES JEUNES FILLES

Leçons d'Arithmétique à l'usage de l'enseignement secondaire des jeunes filles, par Mme A. Salomon, professeur agrégée au lycée Lamartine.
1re Partie : Cours préparatoire et 1re année secondaire, avec les **Notions de Géométrie.** — Vol. in-12, cart. toile . . . . 2 fr. »
2e Partie : cl. de 2e et 3e années. — Vol. in-12, cart. toile . . . . 2 fr. »
3e Partie : *Compléments* (cl. de 4e année), — Vol. in-12, cart. . . . 1 fr. »

Leçons de Chimie, par Mlle L. L'Huillier, professeur agrégée au lycée Sévigné. — Un vol. in-12, cart. toile . . . . 3 fr. »
Métalloïdes (3e et 4e années.) — In-12 relié . . . . 1 fr. 50
Métaux et Chimie organique (5e année). — In-12, relié. . . . . 1 fr. 75

Leçons de Physique, par Mlle L. L'Huillier. . . . .

Approximations numériques : Théorie et pratique des calculs approchés, par J. Griess, professeur agrégé au lycée Charlemagne. Un vol. in-8° . . . . 1 fr. »

Caractères des sels métalliques à l'usage des aspirants au baccalauréat moderne et aux écoles, par R. Pialat, ingénieur civil. — In-12, 2e édit. 2 fr. 50

Études d'optique géométrique. *Dioptres, systèmes centrés, lentilles, instruments d'optique*, par C.-M. GARIEL, membre de l'Académie de médecine, ingénieur en chef des Ponts et Chaussées, professeur à la Faculté de médecine et à l'école des Ponts et Chaussées. — Un vol. gr. in-8°. . . 5 fr. »

Géométrie dirigée : les Angles dans un plan orienté avec des droites dirigées et non dirigées, à l'usage des élèves de Mathématiques élémentaires, par G. FONTENÉ, professeur agrégé au collège Rollin. — Un vol. in-8°. 2 fr. »

Leçons de Statique, par E. CARVALLO, docteur ès sciences. — In-8°, 2ᵉ *édition*. . . . . 2 fr. »

Leçons de Statique à l'usage des candidats à l'École polytechnique, par X. ANTOMARI. — Un vol. in-8°. . . . . 2 fr. 50

Leçons sur certaines questions de Géométrie élémentaire. *Possibilité des constructions géométriques; les polygones réguliers; transcendance des nombres e et π* (démonstration élémentaire), par F. KLEIN, professeur à l'Université de Gœttingue. Rédaction française, par J. GRIESS, professeur agrégé au lycée Charlemagne. — Un vol. in-8°. . . . . 2 fr. »

Leçons sur les coordonnées tangentielles, avec une préface de M. P. APPELL, membre de l'Institut, par G. PAPELIER. — 2 vol. in-8° : première partie (*Géométrie plane*), 5 fr.; deuxième partie (*Géométrie dans l'espace*) . . . . 5 fr. »

Théorie des Équations et Inéquations (Étude du second degré), par A. TARTINVILLE, professeur agrégé au lycée Saint-Louis. — Un vol. gr. in-8°, 2ᵉ *édition*, ... 3 fr. 50

Théorie des projections, par un ancien élève de l'École polytechnique. — Br., in-8° . . . . 0 fr. 60

Exercices d'Algèbre à l'usage des élèves de la classe supérieure de Mathématiques élémentaires et de 1ʳᵉ année de Mathématiques spéciales, par G. MAUPIN. — Un vol. in-8°. . . . . 2 fr. »

Problèmes de Géométrie analytique, par E. MOSNAT. — Tome I, à l'usage des candidats aux écoles Centrale, Navale, des Ponts et Chaussées et des Mines de Paris et de Saint-Étienne, 2ᵉ *édition*. — Un vol. in-8°. 6 fr. »
   Tomes II et III à l'usage des élèves de Mathématiques spéciales et des candidats aux écoles Centrale, Polytechnique, Normale. — Chaque vol. in-8°. . . . . 7 fr. »

Questions d'Algèbre, à l'usage des élèves de Mathématiques spéciales, par G. MAUPIN, avec une préface de M. C.-A. LAISANT, docteur ès sciences. — Un vol. grand in-8°. . . . . 5 fr. »

Questions de Mécanique, contenant le résumé de toutes les propositions importantes et de nombreux exercices, à l'usage des élèves de mathématiques spéciales, par X. ANTOMARI et C.-A. LAISANT. — Un vol. in-8°. . . 3 fr. 50

Annales de la licence ès sciences (mathématiques, physiques, naturelles). — In-12. — Chacune des années 1888 à 1896. . . . . 3 fr. »
   Chacune des années suivantes (*Certificats d'études supérieures*). . 3 fr. »

Abrégé de la théorie des fonctions elliptiques, à l'usage des candidats à la licence ès sciences mathématiques, par Charles HENRY, maître de conférences à l'école pratique des Hautes Études. — Un vol. in-8°. 3 fr. »

Éléments de Mathématiques supérieures à l'usage des physiciens, des chimistes et des élèves des Facultés des sciences, par H. VOGT, professeur à la Faculté des sciences de Nancy. — Grand in-8°. . . . . . .

Introduction à l'étude de la Théorie des nombres et de l'Algèbre supérieure, par MM. E. BOREL et J. DRACH, d'après des conférences faites à l'école Normale supérieure par M. Jules TANNERY. — Un beau vol. gr. in-8° . . . . 10 fr. »

Leçons sur la résolution algébrique des équations, par H. VOGT, avec une préface de M. Jules TANNERY, directeur des études scientifiques à l'école Normale supérieure. — Un vol. gr. in-8°. . . . . 5 fr. »

Problèmes de licence ès sciences mathématiques donnés à la Sorbonne, avec les **Solutions développées** par Th. CARONNET, docteur ès sciences, professeur au collège Chaptal. — Un vol. in-8°. . . . . 2 fr. »

PROGRAMMES ET PLANS D'ÉTUDES

Plan d'études des écoles primaires . . . . 0 fr. 40
— — primaires supérieures (garçons) . . . . . . 0 fr. 60
— — — — (jeunes filles) . . . . 0 fr. 60
— — de l'enseignement classique. . . . . 1 fr. »
— — — moderne. . . . . 1 fr. »
— — — secondaire des jeunes filles . . . . 1 fr. »
— — des classes de Mathématiques élémentaires et supérieure de Mathématiques élémentaires. . . . . . . 0 fr. 50
— — des écoles normales primaires . . . . 0 fr. 50
Agrégation (Enseignement secondaire) . . . . 0 fr. 30
— des Facultés (droit, médecine, pharmacie) . . . . . . 0 fr. 30
— des jeunes filles (certificat d'aptitude) . . . . 0 fr. 40
Baccalauréat de l'enseignement classique . . . . 0 fr. 30
— — moderne . . . . 0 fr. 30
Certificat d'études physiques, chimiques et naturelles (P. C. N.) . . 0 fr. 30
Brevet élémentaire . . . . 0 fr. 20
— supérieur . . . . 0 fr. 20
— — et certificat d'aptitude pédagogique. . . . . 0 fr. 20
Certificat d'études primaires élémentaires. . . . . 0 fr. 20
— — supérieures . . . . 0 fr. 20
Certificat d'aptitude pédagogique. . . . . 0 fr. 20
— — au professorat des écoles normales et des écoles
primaires supérieures. . . . . 0 fr. 30
— — à la direction des écoles normales. . . . . . . 0 fr. 30
— — à l'enseignement du dessin . . . . 0 fr. 20
— — à l'inspection de l'enseignement primaire . . . . 0 fr. 20
— — au professorat industriel et au professorat commercial (aspirants et aspirantes). . . . . . . 0 fr. 40
Licences ès lettres (et doctorat). . . . . 0 fr. 50
Licence et doctorat ès sciences . . . . 0 fr. 30

Bourses.

Bourses de séjour à l'étranger (Écoles primaires supérieures). . . . 0 fr. 60
— commerciales de séjour à l'étranger . . . . 0 fr. 30
— industrielles de voyage . . . . 0 fr. 30
— dans les lycées et collèges (garçons et filles) . . . . 0 fr. 25
— au Prytanée militaire . . . . 0 fr. 25
— d'enseignement supérieur (sciences, lettres, médecine, pharmacie, Muséum) . . . . 0 fr. 40

Écoles.

Facultés et écoles de droit. . . . . 0 fr. 30
Facultés et écoles de médecine. . . . . 0 fr. 30
Pharmacie, herboristerie . . . . 0 fr. 25
École normale supérieure. . . . . 0 fr. 20
École des Chartes. . . . . 0 fr. 20
École des langues orientales vivantes . . . . 0 fr. 20
École française d'Athènes et de Rome. . . . . 0 fr. 20
Administration militaire (École d'). . . . . 0 fr. 50
Agriculture (Écoles nationales d'). . . . . 0 fr. 30
Agriculture coloniale de Tunis (École d') . . . . 0 fr. 30
Architecture (École spéciale d'). . . . . 0 fr. 30
Architecture (Programme de l'enseignement de l'école d') . . . . . 1 fr. »
Arts et Métiers (Écoles nationales d') . . . . 0 fr. 30
Beaux-Arts de Paris (École nationale des). . . . . 0 fr. 50
Beaux-Arts des départements (Écoles des). . . . . 0 fr. 30
Centrale des Arts et Manufactures (École). . . . . 0 fr. 30
Centrale lyonnaise (École). . . . . 0 fr. 30
Céramique de Sèvres (École nationale de). . . . . 0 fr. 30
Chimie industrielle de Lyon (École de) . . . . 0 fr. 30
— — et agricole de Bordeaux. . . . . 0 fr. 30
Cluny (École nationale d'ouvriers et de contremaîtres de). . . . . 0 fr. 30
Coloniale (École) . . . . 0 fr. 30
Commerciale de Paris (École) . . . . 0 fr. 30

Conservatoire national de musique et de déclamation . . . . 0 fr. 40
Dentaire de Paris (École) . . . . 0 fr. 50
Dessin topographique du Service géographique de l'Armée. . . . . . 0 fr. 30
Horticulture de Versailles (École d') . . . . 0 fr. 20
Hydrographie (Écoles d') . . . . 0 fr. 50
   — de Dieppe (École d'). . . . . 0 fr. 30
   — de Fécamp . . . . 0 fr. 30
Ingénieurs de Marseille (École d') . . . . 0 fr. 30
Institut agronomique (et école Forestière, école des haras) . . . . . 0 fr. 30
  — Ampère (École industrielle d'électricité). . . . . 0 fr. 30
  — chimique de Nancy . . . . 0 fr. 30
  — électrotechnique Montefiore . . . . 1 fr. »
  — industriel du Nord de la France . . . . 0 fr. 30
Mécaniciens de la flotte (Apprentis et élèves) . . . . 0 fr. 30
Mécaniciens pour la marine (École d'apprentis), au Havre . . . . . 0 fr. 30
Mines (École nationale supérieure des) . . . . 0 fr. 30
Mines de Saint-Étienne (École des). . . . . 0 fr. 30
Mineurs d'Alais et de Douai (Écoles des) . . . . 0 fr. 30
Mousses et apprentis marins (École des) . . . . 0 fr. 50
Navale (École) . . . . 0 fr. 30
Normale supérieure (École) . . . . 0 fr. 20
  — de Sèvres (École). . . . . 0 fr. 25
  — de Fontenay-aux-Roses et de Saint-Cloud (Écoles). . . . . 0 fr. 25
  — primaires . . . . 0 fr. 20
Notariat de Nantes (École de) . . . . 0 fr. 20
Notariat de Paris (École de) . . . . 0 fr. 20
Percepteur surnuméraire . . . . 0 fr. 30
Physique et Chimie industrielles (École de) . . . . 0 fr. 40
Polytechnique (École) . . . . 0 fr. 30
Ponts et chaussées (École des) . . . . 0 fr. 50
Postes et télégraphes (École professionnelle supérieure des) et emplois
 dans l'Administration. . . . . 0 fr. 50
Pratique de commerce et de comptabilité (École). . . . . 0 fr. 50
Prytanée militaire de la Flèche . . . . 0 fr. 30
Saint-Cyr (École de). . . . . 0 fr. 30
Saint-Maixent (École de). . . . . 0 fr. 30
Santé de la marine (École du service de) . . . . 0 fr. 30
Santé militaire (École du service de). — Pharmacie militaire. — Val-
 de-Grâce . . . . 0 fr. 30
Saumur (École de) . . . . 0 fr. 50
Section normale d'Arts et Métiers de Châlons . . . . 0 fr. 50
  — — des Hautes études commerciales . . . . 0 fr. 50
Supérieure d'électricité (École). . . . . 0 fr. 30
  — de Guerre. . . . . 0 fr. 30
Supérieures de commerce :
  Hautes études commerciales. . . . . 0 fr. 30
  Institut commercial. . . . . 0 fr. 30
  Supérieures de Paris, Bordeaux, Le Havre, Lille, Lyon, Mar-
   seille, Montpellier, Nancy, Rouen, chaque progr. . . . . . 0 fr. 30
  (Voir aussi le *Catalogue* ou l'*Annuaire de la Jeunesse* pour
   les *Programmes détaillés des Cours* et des *Règlements* qui
   sont aussi publiés en brochures séparées.)
Supérieure d'industrie de Bordeaux (École). . . . . 0 fr. 30
Travaux publics (École spéciale des) . . . . 0 fr. 30
Vétérinaires (Écoles nationales) . . . . 0 fr. 30
Versailles (École militaire de l'artillerie et du génie). . . . . 0 fr. 50

Divers.

Administration des finances (ministère, inspection des finances, cour
 des comptes, comptables du Trésor, enregistrement, contributions,
 douanes, manufactures de l'État, monnaies et médailles, trésorerie
 d'Algérie et de Cochinchine, caisse des dépôts et consignations). . 0 fr. 50
Auditeur au Conseil d'État . . . . 0 fr. 20
Banque de France (et école préparatoire) . . . . 0 fr. 30
Commissaire de surveillance administrative des chemins de fer. . . 0 fr. 30
  — de police et inspecteur spécial de la police des chemins
   de fer. . . . . 0 fr. 50

Conditions d'admission et de l'avancement dans le personnel administratif secondaire de la marine (personnel des manutentions, des directions de travaux, des comptables des matières, des agents du commissariat) . . . . 0 fr. 50
Conducteur et ingénieur des ponts et chaussées. — Agent voyer. — Vérificateur des poids et mesures . . . . 0 fr. 20
Contrôleur des mines . . . . 0 fr. 25
Corps du commissariat de la marine (École d'administration de la marine. — Aides commissaires) . . . . 0 fr. 30
Diplôme d'élève de la marine marchande, brevet de capitaine au long cours et brevet de maître au cabotage . . . . 0 fr. 50
Inspecteur particulier de l'exploitation commerciale des chemins de fer. 0 fr. 30
Mécaniciens théoriques de la marine (premiers-maîtres, seconds-maîtres, quartiers-maîtres) . . . . 0 fr. 50
     — pratiques de la marine (maîtres, seconds-maîtres, quartiers-maîtres) . . . . 0 fr. 30
Officiers ministériels . . . . 0 fr. 20
Percepteur surnuméraire . . . . 0 fr. 30
Personnel administratif secondaire de la marine. . . . . 0 fr. 50
Postes et télégraphes . . . . 0 fr. 50

SUJETS DE CONCOURS ET D'EXAMENS

Écoles spéciales.

Administration de la Marine (École d'). — Concours de 1871 à 1898 . 2 fr. 50
Agriculture (Écoles nationales d'). — Concours de 1889 à 1898. . . . 2 fr. »
Arts et Métiers (Écoles d'). — Concours de 1874 à 1898 (texte et planches). . . . . 6 fr. 50
Centrale (École). — 1880 à 1898 (non compris les dessins). . . . . . 6 fr. »
    — — Dessins d'architecture, de machine et d'ornement. — 1890 à 1898, 18 planches, format raisin . . . . 6 fr. 75
Cluny (École de). — 1891 à 1898 . . . . 2 fr. 50
Hautes études commerciales, Supérieures de commerce (les neuf écoles) et *Institut commercial.* — 1881 à 1898. . . . . 5 fr. »
Institut agronomique. — 1888 à 1898 . . . . 2 fr. 50
Militaire de Saint-Maixent (École). — 1890 à 1894 . . . . 1 fr. 50
Mines de Saint-Étienne (École des). — 1885 à 1898 . . . . 4 fr. »
Navale (École). — 1885 à 1898 . . . . 5 fr. »
Normale supérieure (École). — 1891 à 1896 :
    Section des lettres, 1 fr. 25. — Section des sciences. . . . . . . 1 fr. 25
Polytechnique (École). — 1880 à 1898 . . . . 5 fr. »
    — — Papier Whatman avec le trait des dessins à laver, 1890 à 1894. — Les 5 feuilles. . . . . 1 fr. 25
Ponts et Chaussées (École des). — 1894 à 1898 :
    Cours préparatoires, 4 fr. — Élèves externes. . . . . 4 fr. »
Postes et Télégraphes (École professionnelle supérieure des), 1ʳᵉ section. — 1888 à 1891, 1896 et 1897. . . . . 2 fr. 40
Postes et Télégraphes (École professionnelle supérieure des), 2ᵉ section (section des élèves-ingénieurs). — Concours de 1891, suivi d'un aperçu des questions posées aux examens oraux . . . . 0 fr. 50
Saint-Cyr (École de). — 1880 à 1898 . . . . 5 fr. »
Vétérinaires (Écoles). — 1887 à 1898 . . . . 1 fr. 75
Bourses des lycées et collèges (garçons et jeunes filles). — Concours de 1890 à 1898. — Vol. in-8°. . . . . 2 fr. 75
Surnumérariat des Douanes. — Vol. in-8°. . . . . 0 fr. 75
    de l'*Enregistrement, des Domaines et du Timbre.* Concours de 1891 à 1898. — Vol. in-8° . . . . 1 fr. »
    des *Postes et des Télégraphes.* — Concours de 1891 à 1898, avec tous développements et solutions. — Vol. in-8° . . . . 3 fr. 25

Certificat d'études primaires.

Choix de sujets de compositions recueillis par MM. H. BARREAU, inspecteur primaire, et A. BOUCHET, principal de Collège.
    LIVRE DE L'ÉLÈVE : vol. in-12 cartonné . . . . 0 fr. 90
    LIVRE DU MAÎTRE : vol. in-12 cartonné . . . . 2 fr. 50

Pour les autres sujets de concours ou d'examen, consulter le catalogue complet ou *l'Annuaire de la Jeunesse.*

Librairie NONY et Cie, boulevard Saint-Germain, 63, à Paris.

Vient de paraître :

RÉCRÉATIONS ARITHMÉTIQUES

par E. FOURREY

Un beau volume in-8° avec 106 figures . . . . **3 fr. 50**

EXTRAIT DE LA TABLE DES MATIÈRES

I. — Curieuses particularités des nombres. Calcul rapide. La multiplication d'Inaudi. Les quatre opérations chez les différents peuples. PROBLÈMES AMUSANTS SUR LES PROGRESSIONS. — Les nombres polygonaux. Les carrés. Les cubes. Les diviseurs.

II. — Le jour de la semaine. Calendriers divers. Calendrier perpétuel : théorie. Calendrier inédit. Les nombres pensés. Règles. Le jeu de l'anneau. Les trois bijoux. L'heure du lever. Tours et problèmes divers. PROBLÈMES ANCIENS. — Les Grâces et les Muses. Une réponse de Pythagore. Achille et la Tortue. Diophante. L'Ane et le Mulet. L'historien Josèphe. Chrétiens et Turcs. Partage. Les grains de blé de Sessa. Domestique infidèle. Le nombre des cheveux. Les bœufs de Newton. Mesures difficiles. PROBLÈMES CURIEUX OU AMUSANTS. — Simples questions. Les semaines de l'ouvrier. Le cheval du maquignon. Les outils de l'ouvrier. La tournée du facteur. Compensation. Ni gain ni perte. Subtilités. Problème parisien. La multiplication erronée. Le numéro du conscrit. La rente du rentier. Les permissionnaires. Escompte rapide. Tirage d'une loterie. La bourse perdue. La date de naissance. Pesée difficile. Problème de chemins de fer. L'Arithmétique à l'Académie française. Compte à reconstituer. Les deux victoires du 22 avril. Huit fois huit font soixante-cinq. Problème chinois.

III. LES CARRÉS MAGIQUES. — Définitions. Propriétés générales. Règles pour la formation des carrés magiques. Applications. FORMES DIVERSES DES CARRÉS MAGIQUES. — Carrés magiques à enceintes, à croix, à châssis et à compartiments. Carrés diaboliques et hypermagiques : Préliminaires ; carrés semi-diaboliques ; carrés diaboliques ; carrés hypermagiques. TRANSFORMATION DES CARRÉS MAGIQUES. — Carrés magiques à progression géométrique. Rectangles magiques. Cercles magiques. Cubes magiques.

Mathématiques et Mathématiciens, par A. REBIÈRE. 3e édition. — Un beau vol. in-8° de 566 pages . . . . **5 fr.** »

Morceaux choisis et pensées. Variétés et anecdotes. Paradoxes et singularités. Problèmes célèbres et classiques. Problèmes frivoles et humoristiques. Notes bibliographiques. Index alphabétique.

Les Femmes dans la science, par A. REBIÈRE. 2e édition. Vol. in-8° avec portraits, autographes et fac-similé . . . . **5 fr.** »

« Ce livre est un intéressant monument élevé au génie des femmes ; les portraits et les autographes ajoutés lui donnent un charme de plus. »

Les Savants modernes, leur vie et leurs travaux, d'après les documents académiques, par A. REBIÈRE. — Volume in-8°, avec portraits. **5 fr.** »

L'auteur étudie, dans cet ouvrage, à l'aide de documents autorisés, les grands noms, les grands faits et les grandes lois de la science. En une série d'intéressantes notices, il donne, à la suite des résumés biographiques et bibliographiques où sont rappelées les œuvres et les découvertes, les extraits académiques ou autres les plus propres à montrer chaque savant dans la triple manifestation de sa vie intellectuelle, morale et physique. L'auteur s'attache surtout à mettre en lumière les découvertes capitales, les idées de génie.

Ces extraits, de tons variés, tantôt fins et élégants, tantôt chauds et colorés, s'élèvent parfois jusqu'à l'éloquence : ils comptent parmi les plus belles pages de notre littérature scientifique. Et puis, à côté du mérite littéraire, quels beaux exemples de travail, de modestie et de dévouement!

Librairie NONY et Cⁱᵉ, boulevard Saint-Germain, 63, à Paris.

LE
DESSIN DE PAYSAGE
Étudié d'après nature (5ᵉ édition)

Par H. GUIOT, peintre d'histoire, et J. PILLET, professeur à l'École
des Beaux-Arts, etc.

*Un album gr.-in-8° oblong, avec 60 colonnes de texte, 36 figures théoriques,
80 motifs divers et 33 grandes planches d'ensemble.* **3 fr.**

VUE DU LAC DE GÉRARDMER
(Fac-simile aux 2/5 d'une planche de l'album.)

C'est pour vous, *jeunes gens ou jeunes filles*, qui voulez dessiner ou peindre d'après nature, que ce livre a été composé.

En trois leçons, tout ce qu'il faut connaître de principes généraux de dessin et de perspective, vous l'apprendrez, n'eussiez-vous jamais tenu un crayon. Encore deux leçons, et vous saurez vous retrouver au milieu des lignes et des objets que la nature *semble* présenter sans ordre à vos yeux. Vous apprendrez à encadrer votre sujet, à reconnaître la ligne d'horizon, à choisir et mettre en place vos lignes dominantes et vos masses, après quoi les détails ne seront plus pour vous que jeu d'enfant. Vous copierez ensuite huit planches d'éléments et vous saurez dessiner un arbre, imiter son feuillé, rendre la transparence des eaux et le pittoresque d'une chaumière.

Trois planches encore, que vous dessinerez *de mémoire*, vous mettront dans les doigts des accessoires tels que : objets, personnages ou animaux, que vous n'hésiterez pas ensuite à placer dans vos petits tableaux et qui les animeront.

Cela fait, la veille du jour où vous devrez dessiner d'après nature, copiez bien méthodiquement un des seize paysages qui viennent à la suite et partez en toute confiance avec votre crayon, ou avec votre boîte d'aquarelle. Vous ne rapporterez peut-être pas un chef d'œuvre, mais, en tout cas, vous aurez fait une bonne étude, qui se tiendra convenablement, qui sera bien mise en place, et dans laquelle le censeur le plus sévère ne trouvera pas de faute de dessin, car la perspective, ce sphinx qui n'est terrible que pour ceux qui n'ont pas osé l'interroger, n'aura plus de secrets pour vous.

Dans cette 5ᵉ édition, tirée sur de nouvelles planches, on a conservé le plan primitif en 32 leçons ; mais il a été ajouté quinze planches supplémentaires, dont quelques-unes à la plume (avec quelques considérations sur ce genre), pour les personnes qui désirent avoir une plus grande variété de modèles.

SOMMAIRE DE LA 5ᵉ ÉDITION

Principes généraux du dessin : Les rapports ; la perspective. Applications.

Éléments du dessin de paysage : Feuilles et herbes. Masses d'arbres, Troncs et branches. — Terrains. — Fabriques. — Eaux. — Objets et accessoires. — Personnages. — Animaux.

Études d'ensemble : Leçons de mise en place. — Leçons d'applications pittoresques.

Cette troisième partie comporte 33 ensembles de paysages exécutés d'après nature (sauf les numéros empruntés aux examens de l'École de Saint-Cyr). — Les premières planches sont accompagnées d'un texte avec croquis indiquant la marche à suivre pour commencer le dessin et l'amener, par phases successives, à son état définitif.

Planches supplémentaires : Modèles et exercices divers. — *Dessins à la plume.*

Librairie NONY et Cie, boulevard Saint-Germain, 63, à Paris.

ANNUAIRE DE LA JEUNESSE

Par **H. VUIBERT** (10° année).

Moyens de s'instruire. — Choix d'une Carrière.

Un beau vol. in-12, de 1100 pages, broché **3 fr.**, *cart.* **4 fr.**

L'*Annuaire de la Jeunesse* est appelé à être entre les mains de tous les jeunes gens de dix à vingt-cinq ans et de tous les pères de famille. Compagnon indispensable des études et *Guide pour le choix d'une carrière*, c'est le livre du foyer par excellence.

Dans la première partie : **Education et instruction**, on passe en revue tout ce qui a trait à l'instruction des garçons et des filles à tous ses degrés. Le fonctionnement des établissements scolaires de tout ordre y est exposé avec un soin minutieux.

La seconde partie : **Ecoles spéciales**, intéresse surtout les jeunes gens qui se destinent aux écoles où l'on va couronner son instruction : elle leur montre ce que sont ces écoles, les moyens de s'y préparer, les difficultés des concours, la nature de l'enseignement, les débouchés qui s'offrent à la sortie, etc. Le candidat sait ainsi où il va et peut se rendre compte de ses chances de succès.

La troisième partie de l'ouvrage : **Carrières et professions**, est consacrée à l'étude des différentes carrières, libérales, industrielles, administratives, judiciaires, diplomatiques, etc.; elle indique toutes les conditions exigées pour l'entrée dans chacune d'elles, les obligations et les avantages qui en résultent.

Le livre se termine par des ANNEXES, comprenant toutes les lois et décrets qui intéressent les jeunes gens à la veille de faire leur service militaire, de s'engager ou de se créer une position.

Aptitude physique au service militaire et aptitude particulière aux différentes armes (Instructions ministérielles). — Br. in-12 de 92 pages . . . . 0 fr. 50

Attribution des emplois publics (DÉCRET RELATIF AU MODE D'). — Broch. in-8° de 72 pages, donnant les programmes des examens et concours. 1 fr. »

Inscription maritime (LOI SUR L'): Dispense. Service d'un an dans la flotte, etc... — Broch. in-12 . . . . 0 fr. 30

Loi militaire et Décret sur les dispenses. — Broch. in-12 de 84 pages avec modèles divers. 0 fr. 30

Le service militaire d'un an :

Les dispenses commerciaux : Application de la loi militaire aux élèves des écoles supérieures de commerce, par A. DUBOIS, ingénieur civil. — Broch. in-12, 3° édition . . . . 0 fr. 50

Les dispensés des Écoles d'Agriculture et de l'Institut agronomique : Commentaire et application ; guide des candidats et des élèves, par R. NITHARD, secrétaire de l'école de Grignon. — Broch. in-12, avec modèles . . 0 fr. 50

Ces deux brochures peuvent servir de guide aux candidats et aux élèves des écoles qui se trouvent, au point de vue du service militaire, dans la même situation que ceux des écoles de commerce et d'agriculture.

Notice sur l'Ecole des Mousses *et des Apprentis-marins :* Conditions d'admission. Régime. Enseignement. Mousses mécaniciens. Solde. Modèles. — Broch. in-12 . . . . 0 fr. 50

Sténographie Prévost-Delaunay (Éléments de), par A. BOUTILLIER, licencié en droit, président de l'Association sténographique unitaire. — Un vol. in-12, 2° édition . . . . 0 fr. 50

Sténographie (Notions générales sur la): Ses origines et son histoire; ses services, son état actuel et son avenir; ses principes et ses méthodes, par A. BOUTILLIER. — Un vol. in-8° . . . . 1 fr. 25

Librairie NONY et Cⁱᵉ, boulevard Saint-Germain, 63, à Paris.

PROBLÈMES DE BACCALAURÉAT

Mathématiques, par H. VUIBERT. — 2ᵉ édition. Un vol. de 528 pages en petit texte. . . . . **5 fr.**
Physique et Chimie, par Émile BOUANT. — 3ᵉ édition. Un vol. in-8ᵉ. **3 fr.**

Dans cette édition de la partie *Mathématiques* :
Le nombre des problèmes a été triplé ;
Presque tous les problèmes sont résolus (pour ceux qui ne le sont pas, on a indiqué le résultat auquel on doit parvenir et, quand il y a lieu, la marche à suivre) ;
Tous les problèmes donnés aux baccalauréats scientifiques dans ces dernières années et susceptibles de figurer dans le livre y ont été introduits ;
Tous les problèmes de la première édition qui ont pu être remplacés avantageusement par des problèmes similaires récents ont été éliminés ;
Les problèmes, classés méthodiquement, sont placés sous des rubriques qui apportent la netteté nécessaire dans les subdivisions. — Nous reproduisons ci-après les divisions du livre.

Arithmétique. — Opérations sur les nombres entiers. Divisibilité. — Propriétés élémentaires des nombres entiers. — Fractions. — Calcul des nombres approchés. Racine carrée.

Algèbre. — Calcul algébrique. — Équations du premier degré. Problèmes qui s'y ramènent. — Équations du second degré. Relations entre les coefficients et les racines. — Décomposition du trinome du second degré en facteurs du premier degré. Variations du signe d'un trinome. Inégalités. — Décomposition du trinome du second degré en une somme ou une différence de carrés. Variations du trinome. — Équations irrationnelles du second degré. — Équations dont la résolution se ramène à celle des équations du second degré. — Systèmes d'équations simultanées qui dépendent du second degré. — Problèmes du second degré. — Maxima et minima (méthode indirecte). Variations de fractions rationnelles. Maximum d'un produit de facteurs dont la somme est constante. Progressions et logarithmes. Annuités.

Géométrie. — Problèmes sur le premier et le second livre. — Problèmes sur le troisième livre. — Polygones réguliers. — Problèmes sur le quatrième livre. — Problèmes sur le cinquième livre. — Mesure des volumes. — Corps ronds. — Courbes usuelles.

Trigonométrie. — Calcul des lignes trigonométriques. — Addition, soustraction, multiplication et division des arcs. — Transformations trigonométriques. Usage des tables trigonométriques. — Équations trigonométriques. — Applications de la trigonométrie à la résolution de certains problèmes. — Résolution des triangles. — Applications numériques (modèle de disposition des calculs). — Problèmes divers sur les triangles. Relations à établir. Résolutions de triangles — Problèmes relatifs aux quadrilatères, etc. — Problèmes pratiques. — Problèmes divers.

Géométrie descriptive. — *Problèmes sur la droite et le plan :* droites parallèles. — Intersection d'une droite et d'un plan. — Intersection de deux plans. — Plans parallèles. — Droite et plan perpendiculaires.
Applications de la méthode des rotations et des changements de plans. Méthode des rabattements. — Applications diverses aux distances et aux angles. — Projections de triangles et de cercles. — Projections de solides ; sections planes.
Problèmes sur la sphère : intersection d'une droite et d'une sphère. — Plan tangent ou sécant ; plan tangent commun à deux sphères.
Plan tangent au cône.

Mécanique. — Composition des forces. — Détermination des centres de gravité. — Équilibre des forces appliquées à un corps solide. Machines simples. — Cinématique. — Dynamique.

Cosmographie. — Mouvement diurne. — Ascension droite et déclinaison. — De la Terre. Longitude et latitude géographiques. — Du Soleil. Mesure du temps. Parallaxe. — De la Lune et des Planètes.

Pour la partie *Physique et Chimie*, l'ouvrage a été remanié récemment dans le même sens (3ᵉ édition), notamment en ce qui concerne l'introduction des problèmes nouveaux (et particulièrement les problèmes d'électricité) donnés aux récents examens des baccalauréats.

Les Problèmes de baccalauréat forment un ensemble de PLANS DE SOLUTIONS COMPLET, *c'est-à-dire embrassant les différentes matières sur lesquelles peuvent avoir à composer les candidats au baccalauréat classique (lettres-mathématiques), et au baccalauréat moderne (lettres-mathématiques et lettres-sciences).*

Librairie NONY et Cⁱᵉ, boulevard Saint-Germain, 63, à Paris.

MANUEL DU BACCALAURÉAT

<table>
<tr><td align="center">DE L'ENSEIGNEMENT SECONDAIRE
CLASSIQUE</td><td align="center">DE L'ENSEIGNEMENT SECONDAIRE
MODERNE</td></tr>
</table>

Ce Manuel est entièrement conforme aux programmes. Il est très soigneusement imprimé, sur beau papier, avec des caractères entièrement neufs; les figures qu'il renferme en grand nombre sont d'une netteté parfaite. En physique et en chimie, on n'a fait que des figures schématiques, de manière que les élèves puissent les reproduire facilement au tableau.

Classe de Mathématiques élémentaires :

Mathématiques : Arithmétique, par M. TARTINVILLE, ancien élève de l'Ecole normale, agrégé de mathématiques, professeur au lycée Saint-Louis, Membre du Conseil supérieur de l'Instruction publique; **Algèbre et Géométrie descriptive**, par M. ANTOMARI, ancien élève de l'Ecole normale, agrégé de mathématiques, docteur ès sciences, professeur au lycée Carnot; **Géométrie**, par M. GUICHARD, ancien élève de l'Ecole normale, agrégé de mathématiques, professeur à la Faculté des sciences de l'Université de Clermont; **Trigonométrie**, par M. HUMBERT, ancien élève de l'Ecole normale, agrégé de mathématiques, professeur au lycée Louis-le-Grand; **Mécanique**, par M. CARVALLO, agrégé de mathématiques, docteur ès sciences, répétiteur et examinateur d'admission à l'Ecole polytechnique; **Cosmographie**, par M. MALUSKI, ancien élève de l'Ecole normale, agrégé de mathématiques, professeur au lycée de Lyon. — Les sept parties renfermées dans un vol. in-16, de 720 pages, contenant 525 fig., relié toile. . . . . 5 fr.

Les programmes de la classe de Mathématiques élémentaires étant identiques, en ce qui concerne les mathématiques, aux programmes des matières exigées pour l'admission à l'Institut agronomique, ce volume se trouve être aussi le *Manuel des candidats à l'Institut agronomique*.

Physique et Chimie : Physique, par M. BOISARD, ancien élève de l'Ecole normale, agrégé des sciences physiques, professeur au lycée Carnot; **Chimie** (notation atomique), par M. DIDIER, ancien élève de l'Ecole normale, agrégé des sciences physiques, docteur ès sciences. — 2ᵉ édition, Un vol. in-16, de 429 pages, avec 286 fig., relié toile . . . . 3 fr.

Classes de Mathématiques élémentaires et Première-Sciences.

Philosophie et Histoire : Philosophie, par M. JANET, ancien élève de l'Ecole normale, agrégé de philosophie, docteur ès lettres, docteur en médecine, professeur suppléant au Collège de France; **Histoire**, par M. HAUSER, ancien élève de l'Ecole normale, docteur ès lettres, professeur à la Faculté des lettres de l'Université de Clermont. — 2ᵉ édition. Un vol. in-16 de 318 pages, relié toile. 2 fr. On vend séparément : *Philosophie*, 1 fr. 25; *Histoire* . . 1 fr. »

Classe de Rhétorique :

Mathématiques : Arithmétique, Algèbre et Géométrie, par M. ANTOMARI; **Cosmographie**, par M. MALUSKI. — 2ᵉ édition. Un vol. in-16 de 368 pages, relié toile . . . . 3 fr.

Classes de Rhétorique et Seconde moderne :

Histoire, par M. HAUSER. — 2ᵉ édit. Un vol. in-16, de 95 p., broché. 1 fr.
Géographie, par M. HAUSER . . . . *(En préparation)*

Classe de Philosophie :

Physique et Chimie : Physique, par M. BOISARD; **Chimie** (notation atomique), par M. DIDIER. — Un vol. in-16 de 373 p., avec 263 fig., rel. toile. 3 fr.

Classe de Philosophie et Première-Lettres :

Philosophie et Histoire : Philosophie, par M. JANET; **Histoire**, par M. HAUSER. — Un vol. in-16, de 550 pages, relié toile. . . . . 4 fr.
On vend séparément : *Philosophie*, 3 fr. 50; *Histoire*, 1 fr.

Classes de Philosophie et Première (Lettres et Sciences) :

Histoire naturelle, par M. CAUSTIER, agrégé des sciences naturelles, professeur au lycée de Versailles. — 2ᵉ édition. Un vol. in-16 de 452 pages avec 522 figures, relié toile . . . . 3 fr.

Les autres volumes sont en préparation.

Librairie NONY et C**, boulevard Saint-Germain, 63, à Paris.

L'Éducation Mathématique

*Journal in-4° paraissant le 1er et le 15 de chaque mois,
du 1er octobre au 15 juillet, et publié par*

H. VUIBERT

RÉDACTEUR DU « JOURNAL DE MATHÉMATIQUES ÉLÉMENTAIRES »

Abonnement annuel (d'octobre) : France, 5 fr. ; Étranger, 6 fr. — Prix du numéro : 30 centimes.
A quelque époque de l'année que l'on s'abonne, on reçoit tous les numéros parus
depuis le 1er octobre.

Ce Journal, — créé pour les débutants qui ne peuvent pas encore suivre le
Journal de Mathématiques élémentaires, — s'adresse aux élèves des classes de
lettres [enseignement classique (de la 4e à la Philosophie) et moderne (de la 4e
à la Seconde)] des lycées de garçons, aux élèves des trois classes supérieures des
lycées de jeunes filles et aux élèves des écoles primaires supérieures, des écoles
pratiques de commerce et d'industrie et des écoles normales ; — aux aspirants
et aspirantes au certificat d'études primaires supérieures, aux certificats d'études
pratiques industrielles et commerciales, au brevet supérieur ; — aux candidats
aux écoles d'arts et métiers, de Cluny, des mécaniciens, d'agriculture, de commerce, etc. ; aux nombreux jeunes gens qui, n'ayant pas fait d'études régulières
ou n'ayant pu les poursuivre assez loin, désirent compléter leur instruction et
ont besoin d'être guidés. Il intéressera enfin bien des pères de famille qui
prennent une part un peu active aux études de leurs enfants.

Bien que limité à l'arithmétique, à l'algèbre et à la géométrie très élémentaires, il sera aussi d'un grand secours aux trop nombreux élèves qui entrent
dans les classes de Mathématiques élémentaires, de Première-Sciences ou dans
les divisions de Saint-Cyr sans être suffisamment préparés à recevoir l'enseignement qu'on y donne.

Des *questions proposées* sont livrées aux recherches des abonnés. Les solutions
insérées dans le journal sont rédigées avec les plus grands détails, de manière
à ne laisser dans l'ombre aucune partie de la démonstration, et en rappelant
les théorèmes à l'appui. Les fautes qui se trouvent dans les solutions envoyées
sont signalées et expliquées d'une façon générale, sans indication de personna-
lité, de manière à faire profiter tous les lecteurs des enseignements qui pourront se dégager des erreurs de quelques-uns.

« Mais surtout nous nous attacherons, disent les rédacteurs, à montrer com-
ment on cherche un problème. Pour les questions les moins faciles, nous
essaierons de matérialiser le travail d'investigation, de montrer les différentes
voies où l'on peut s'engager, d'indiquer les raisons qui en font préférer une
particulièrement.

» ... Ce sera aussi, pensons-nous, le moyen d'être utiles à ceux (et ils sont
légion) qui travaillent seuls et qui n'ont pas le bonheur de pouvoir profiter
d'une direction éclairée et intelligente. Une rubrique, dite de *correspondance*,
nous permettra de répondre par la voie du journal aux questions qui pourront
nous être posées...

» Puissions-nous réussir à stimuler dans la jeunesse le goût des études
mathématiques et à lui révéler les satisfactions intellectuelles qu'elle peut en
retirer ! Loin de nous la pensée de le faire aux dépens de la culture générale :
elle est indispensable pour le développement normal de toutes les facultés.
Mais aucun homme moderne ne saurait plus se passer d'une certaine culture
scientifique, qui a nécessairement la « Mathématique » pour base. Beaucoup
de jeunes gens se laissent effrayer par les difficultés du début ; nous voudrions
leur apprendre à les surmonter ; en un mot, faire œuvre d'*éducation mathématique.* »

www.ingramcontent.com/pod-product-compliance
Ingram Content Group UK Ltd.
Pitfield, Milton Keynes, MK11 3LW, UK
UKHW020940140726
13695UKWH00003B/1112